用于国家职业技能鉴定
国家职业资格培训教程

茶艺师（中级）

第2版

编审委员会

主　任　刘　康
副主任　荣庆华
委　员　余　悦　姚国坤　刘启贵　陈　蕾　张　伟

编审人员

主　编　余　悦
编　者　龚夏薇　曾添媛　程　琳　赖蓓蓓　邓　婷
　　　　龚建华　连振娟　柏　凡　叶　静　龚凤婷
　　　　张莉颖　郑春英　李　靖　谭　波
审　稿　姚国坤　刘启贵

中国劳动社会保障出版社

图书在版编目（CIP）数据

茶艺师：中级 / 中国就业培训技术指导中心组织编写．--2 版．--北京：中国劳动社会保障出版社，2017

国家职业资格培训教程

ISBN 978-7-5167-3090-4

Ⅰ．①茶…　Ⅱ．①中…　Ⅲ．①茶文化-职业培训-教材　Ⅳ．①TS971.21

中国版本图书馆 CIP 数据核字（2017）第296948号

中国劳动社会保障出版社出版发行

（北京市惠新东街 1 号　邮政编码：100029）

*

三河市华骏印务包装有限公司印刷装订　　新华书店经销

787毫米×1092毫米　16 开本　9.5 印张　165 千字

2018 年 1 月第 2 版　　2023 年 3 月第 13 次印刷

定价：34.00 元

营销中心电话：400-606-6496

出版社网址：http://www.class.com.cn

前　言

为推动茶艺师职业培训和职业技能鉴定工作的开展，在茶艺师从业人员中推行国家职业资格证书制度，中国就业培训技术指导中心在完成《国家职业技能标准·茶艺师》（以下简称《标准》）制定工作的基础上，组织参加《标准》编写和审定的专家及其他有关专家，编写了茶艺师国家职业资格培训系列教程（第2版）。

茶艺师国家职业资格培训系列教程（第2版）紧贴《标准》要求，内容上体现“以职业活动为导向、以职业能力为核心”的指导思想，突出职业资格培训特色；结构上针对茶艺师职业活动领域，按照职业功能模块分级别编写。

茶艺师国家职业资格培训系列教程（第2版）共包括《茶艺师（基础知识）》《茶艺师（初级）》《茶艺师（中级）》《茶艺师（高级）》《茶艺师（技师 高级技师）》5本。《茶艺师（基础知识）》内容涵盖《标准》的“基本要求”，是各级别茶艺师均需掌握的基础知识；其他各级别教程的章对应于《标准》的“职业功能”，节对应于《标准》的“工作内容”，节中阐述的内容对应于《标准》的“技能要求”和“相关知识”。

本书是茶艺师国家职业资格培训系列教程（第2版）中的一本，适用于对中级茶艺师的职业资格培训，是国家职业技能鉴定推荐辅导用书，也是中级茶艺师职业技能鉴定国家题库命题的直接依据。

本书2004年5月由中国劳动社会保障出版社出版，现已发行10多年。根据茶文化发展与茶艺师技能要求的变化，近期我们组织专家与从业人员对国家职业资格培训教程做出相应的修改。

本书在编写过程中得到江西省人力资源和社会保障厅职业能力建设处、江西省职业技能鉴定指导中心等单位的大力支持与协助，在此一并表示衷心的感谢。

中国就业培训技术指导中心

目录

第 1 章　礼仪与接待

茶艺师的礼仪贯穿于茶艺馆接待服务的全过程，也贯穿于宾客从进入茶艺馆到离开茶艺馆的始终。在茶艺馆各环节的服务中，礼仪要得到具体的落实与体现。只有这样，才能最大限度地满足宾客的需求，提供优质服务。

第 1 节　礼仪

礼仪是调整和处理人们相互关系的手段。具体地说，礼仪具有尊重、约束、教育、调节的作用。

礼仪是一个复合词，它是有形的，存在于社会的一切交往活动中，其基本形式受物质水平、历史传统、文化心态、民族习俗等众多因素的影响。因此，语言、行为表情、服饰是构成礼仪的三大最基本要素。

一、接待礼仪与技巧

茶艺馆是宾客的休闲场所，宾客在工作之余来此休息，香茗和悠悠古乐能使他们消除疲劳、振奋精神；茶艺馆也是交际场所，从事商业活动的人通常喜欢在这种幽静的环境里洽谈生意，一些公司或团体有时也会特意选择在这样的气氛中座谈；茶艺馆还是私人聚会的好场所，人们常常乐意到这里来招待亲朋好友；年轻的情侣更热衷于在这种优雅的环境里约会。为了烘托茶艺馆温馨的气氛，茶艺师在为宾客提供良好服务时，接待的礼仪与技巧显得尤为重要。以下是每一名茶艺师在接待宾客时都需要注意和掌握的。

1. 上岗前，要做好仪表、仪容的自我检查，做到仪表整洁、仪容端正。茶艺师发型如图1—1所示，举止如图1—2所示。

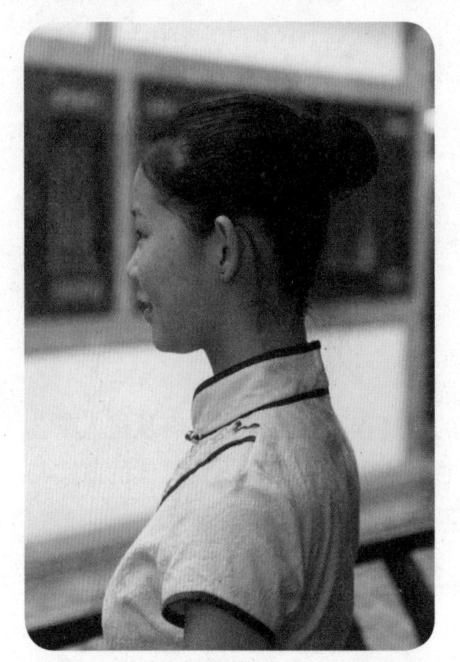
图1—1　茶艺礼仪——发型

图1—2　茶艺礼仪——举止

图1—3　茶艺礼仪——面部

2. 上岗后，要做到精神饱满、面带微笑、思想集中，随时准备接待每一位来宾。茶艺师面部如图1—3所示。

3. 宾客进入茶艺馆时要笑脸相迎，并致亲切的问候，通过美好的语言和可亲的面容使宾客一进门就感到心情舒畅，同时将不同的宾客引领到能使他们满意的座位上。

4. 如果一位宾客再次光临时又带来了几位新宾客，那么对这些宾客要像对待老朋友一样，应特别热情地招呼接待。

5. 恭敬地向宾客递上清洁的茶单，耐心地等待宾客的吩咐，仔细地听清、完整地记牢宾客提出的各项具体要求，必要时向宾客复述一遍，以免出现差错。

6. 留意宾客的细节要求，如“茶叶用量的多少”等问题，一定要尊重宾客的意见，严格按宾客的要求去做。

7. 当宾客对饮用什么茶或选用什么茶食拿不定主意时，可热情礼貌地给予推荐，使宾客感受到服务的周到。

8. 在为宾客泡茶时，要讲究操作举止的文雅、态度的认真和茶具的清洁，不能举止随便、敷衍了事。

9. 在服务中，如需与宾客交谈，要注意适当、适量，不能忘乎所以，要耐心倾听，不与宾客争辩。

10. 工作中，要注意站立的姿势和位置，不要趴在茶台上或与其他服务员聊天，这是对宾客不礼貌的行为。

11. 宾客之间谈话时，不要侧耳细听；宾客低声交谈时，应主动回避。

12. 宾客有事招呼时，不要紧张地跑步上前询问，也不要漫不经心。

13. 宾客示意结账时，要双手递上放在托盘里的账单，请宾客查核款项有无出入。

14. 宾客赠送小费时，要婉言拒绝，自觉遵守纪律。

15. 宾客离去时，要热情相送，表示欢迎他们再次光临。

二、交谈礼仪与技巧

茶艺师在服务接待工作过程中，要向宾客提供面对面的服务，所以与宾客进行交谈便成为茶艺服务的一部分，为了体现茶艺馆主动、热情、耐心、周到、温馨的服务，茶艺师就要注重与宾客交谈时的礼仪与技巧。

1. 与宾客对话时，应站立并始终保持微笑。

2. 用友好的目光关注对方，表现出自己思想集中、表情专注。

3. 认真听取宾客的陈述，随时察觉对方对服务的要求，以表示对宾客的尊重。

4. 无论宾客说出来的话是误解、投诉还是无知可笑的话，也无论宾客说话时的语气多么严厉或不近人情，甚至粗暴，都应耐心、友善、认真地听取。

5. 即使在双方意见不同的情况下，也不能在表情和举止上流露出反感、藐视之意，只可婉转地表达自己的看法，而不能当面提出否定的意见。

6. 听话过程中不要随意去打断对方的说话，也不要任意插话作辩解。

7. 听话时要随时做出一些反应，不要呆若木鸡，可边微笑边点头，同时还可以说“哦”“我们会留意这个问题”等话做陪衬、点缀，表明自己在用心听，但这并不说明双方的意见完全一致。

除此之外，茶艺师还可以用关切的询问、征求的态度、提议的问话和有针对性的回答来加深与宾客的交流和理解，有效提高茶艺馆的服务质量。

三、语言和行为举止礼节

1. 语言

语言是社会交际的工具，是人们表达意愿、交流思想感情的媒介或符号。体现在语言上的礼节是茶艺师在接待宾客时需要使用的一种礼貌语言，它具有体现礼貌和提供服务的双重特性，是茶艺师用来向宾客表达意愿、交流思想感情和沟通信息的重要交际工具，也是其完成各项接待工作的重要手段。因此，茶艺师在工作中必须注重语言的礼节性。

（1）在服务接待中要使用敬语。

（2）使用敬语时，要注意时间、地点和场合，语调要甜美、柔和。

（3）在服务中要注意用“您”而不用“你”或“喂”来招呼宾客。

（4）当宾客光临时应主动先向宾客招呼说“您好”，然后再说其他服务用语，不要顺序颠倒。

（5）当与宾客说“再见”时，可根据情景需要再说上几句其他的话，如“欢迎再来”等。

2. 行为举止

优雅的举止、洒脱的风度，常常被人们称赞，也最能给人留下深刻的印象。在服务接待工作中，茶艺师与宾客的交流经常会借助人体的各种举止，这就是人们通常所说的“体态语言”。它作为一种无声的“语言”，在茶艺接待工作中有着特殊的意义和重要的作用。所以，茶艺师的举止要符合礼仪的要求。

图1—4　茶艺礼仪——站姿

（1）要具有规范的站姿和优雅的坐

姿。茶艺师站姿和坐姿如图 1—4 和图 1—5 所示。

（2）适当运用手势给宾客一种含蓄、彬彬有礼、优雅自如的感觉。

（3）在为宾客引路指示方向时，应掌心向上，面带微笑，眼睛看着目标方向，并兼顾宾客是否意会到目标，如图 1—6 所示。切忌用手指来指去，因为这样有教训人的味道，是不礼貌的。

图 1—5　茶艺礼仪——坐姿

图 1—6　导位礼仪

（4）在与宾客交谈时，手势不宜过多，动作不宜过大，更不要手舞足蹈。

（5）在服务接待过程中不能使用向上看的目光，这种目光给人以目中无人、骄傲自大的感觉。

（6）为了表示尊重，在与宾客交谈时，目光应正视对方的眼鼻三角区。

（7）在使用点头致意礼时，应屈颈，收颏，上身可微微前倾，如图 1—7 所示。

图 1—7　点头致意礼

第2节　接待

接待工作是茶艺馆正常营业的关键，茶艺师要根据不同的地域、民族、宗教信仰为宾客提供贴切的接待服务，同时，也要给予一些VIP宾客及特殊宾客恰到好处的关照。接待工作不仅能体现茶艺师无微不至的关怀，更能突出茶艺馆高质量的服务水准。

一、不同地域宾客的服务

1. 日本、韩国

日本人和韩国人在待人接物以及日常生活中十分讲究礼貌，在为他们提供茶艺服务时要注重礼节。

在为日本或韩国宾客泡茶时，茶艺师应注意泡茶的规范，因为他们不仅讲究喝茶，更注重喝茶的礼法，所以要让他们在严谨的沏泡技巧中感受到中国茶艺的风雅。

2. 印度、尼泊尔

印度人和尼泊尔人惯用双手合十礼致意，茶艺师也可采用此礼来迎接宾客。印度人拿食物、礼品或敬茶时用右手，不用左手，也不用双手，茶艺师在提供服务时要特别注意。

3. 英国

英国人偏爱红茶，并需加牛奶、糖、柠檬片等。茶艺师在提供服务时应本着茶艺馆服务规程适当添加白砂糖，以满足宾客需求。

4. 俄罗斯

同英国人一样，俄罗斯人也偏爱红茶，而且喜爱“甜”，他们在品茶时点心是必备的，所以茶艺师在服务中除了适当添加白砂糖外，还可以推荐一些甜味茶食。

5. 摩洛哥

摩洛哥人酷爱饮茶，加白砂糖的绿茶是摩洛哥人社交活动中一种必备的饮料。因此，茶艺师在服务中添加白砂糖是必不可少的。

6. 美国

美国人受英国人的影响，多数人爱喝加糖和奶的红茶，也酷爱冰茶，茶艺师在服务中要留意这些细节，在茶艺馆经营许可的情况下，尽可能满足宾客的需要。

7. 土耳其

土耳其人喜欢品饮红茶，茶艺师在服务时可遵照他们的习惯，准备一些白砂糖，供宾客加入茶汤中品饮。

8. 巴基斯坦

巴基斯坦人以牛羊肉和乳类为主要食物，为了消食除腻，饮茶已成为他们生活的必需。巴基斯坦人饮茶风俗带有英国色彩，普遍爱好牛奶红茶，茶艺师在服务中可以适当提供白砂糖。在巴基斯坦的西北地区流行饮绿茶，同样，他们也会在茶汤中加入白砂糖。

二、不同民族宾客的服务

我国是一个多民族的国家，各民族历史文化有别，生活风俗各异，因此，茶艺师要根据不同民族的饮茶风俗为不同的宾客提供服务。

1. 汉族

汉族大多推崇清饮，茶艺师可根据宾客所点的茶品，采用不同方法为宾客沏泡。

采用玻璃杯、盖碗沏泡时，宾客饮茶至杯的 1/3 水量时，需为宾客添水。为宾客添水 3 次后，需询问宾客是否换茶，因此时茶味已淡。

2. 藏族

藏族人喝茶有一定的礼节，喝第一杯时会留下一些，当喝过两三杯后，会把再次添满的茶汤一饮而尽，这表明宾客不想再喝了。这时，茶艺师就不要再添水了。

3. 蒙古族

在为蒙古族宾客服务时要特别注意敬茶时用双手，以示尊重。当宾客将手平伸，在杯口上盖一下，这表明宾客不再喝茶，茶艺师即可停止斟茶。

4. 傣族

茶艺师在为傣族宾客斟茶时，只需斟浅浅的半小杯，以示对宾客的敬重。对尊贵的宾客要斟三道，这就是俗称的“三道茶”。

5. 维吾尔族

茶艺师在为维吾尔族宾客服务时，应尽量当着宾客的面冲洗杯子，以示清洁。为宾客端茶时要用双手。

6. 壮族

茶艺师在为壮族宾客服务时，要注意斟茶不能过满，否则视为不礼貌，奉茶时要用双手。

三、不同宗教宾客的服务

我国是一个多民族的国家，少数民族几乎都信奉某种宗教，在汉族中也不乏宗教信徒。佛教、伊斯兰教、基督教等都有自己的礼仪与戒律，并且都很讲究遵守。为此，从事茶艺馆服务接待工作的人员要了解宗教常识，以便更好地为信仰不同宗教的宾客提供贴切、周到的服务。

茶艺师在为信仰佛教的宾客服务时，可行合十礼，以示敬意。不要主动与僧尼握手。在与他们交谈时不能问僧尼的尊姓大名。

四、VIP宾客的服务

1. 茶艺师要了解当天是否有VIP宾客预订，包括时间、人数、特殊要求等都要清楚。

2. 根据VIP宾客的等级和茶艺馆的规定配备茶品。

3. 所用茶品、茶食必须符合质量要求，茶具要进行精心的挑选和消毒。

4. 提前20 min将所备茶品、茶食、茶具摆放好，确保茶食的新鲜、卫生。

五、特殊宾客的服务

1. 对于年老体弱的宾客，尽可能将其安排在离入口较近的位置，以便于出入，并帮助他们就坐，以示服务的周到。

2. 对于有明显生理缺陷的宾客，要注意安排在适当的位置就坐，能遮掩其生理缺陷，以示体贴。

3. 如有宾客要求到一个指定位置，应尽量满足其要求。

第 2 章　准备与演示

第 1 节　茶艺准备

一、茶的类型

按茶叶鲜叶原料加工工艺的不同，可将茶叶分为六大类，即绿茶、黄茶、黑茶、红茶、乌龙茶和白茶。茶类不同，茶叶的品质特征各异，质量好坏的标准也不一，所以先要了解各类茶的品质特征，才能鉴别茶叶的好坏。

同一类茶，原料因鲜叶的大小和品种的差异，可分为嫩采原料、适中采原料、粗老采原料。嫩采原料也称细嫩原料、细嫩采原料，指芽尖到一芽二叶初展的原料；适中采原料指一芽二、三叶，并有相应对夹叶的原料；粗老采原料指一芽三、四叶，且对夹叶占较大比例的原料。

另外，因炒制温度与手法的不同，茶叶的色、香、味、形也各异。

1. 茶的色泽类型

茶的色泽分为干茶色泽、茶汤色泽和叶底（冲泡后的茶渣）色泽。

（1）干茶色泽

1）绿茶类

①银白隐翠型。银白隐翠型又称银绿型，是用从多茸毛品种上采收的细嫩原料制作的成品茶，叶色翠绿，外表披满白毫，典型品种如保靖岚针、巴山银芽、凌云白毫、乐昌白毛尖、高桥银峰、洞庭碧螺春、敬亭绿雪、望府银毫、双龙

银针等。银白隐翠型如图 2—1 所示。

②翠绿型。翠绿型又称嫩绿型，采用早春或高山采收的细嫩原料，只炒不揉或轻揉，有的花色在干燥时要将外表白毫摩擦脱落，干茶色泽绿中微带黄，典型品种如西湖龙井、顾渚紫笋、安化松针、古丈毛尖、信阳毛尖、六安瓜片、江山绿牡丹等。翠绿型如图 2—2 所示。

③深绿型。深绿型又称青绿、苍绿、菜绿型，采用嫩采原料，品种叶色较深或炒制中揉捻较充分，干茶色泽青绿不带黄，典型品种如天目青顶、望海茶、婺源茗眉、青城雪芽、滇青、南京雨花茶、太平猴魁、古劳茶、高绿茶等。深绿型如图 2—3 所示。

④墨绿型。墨绿型中有用嫩采原料制作的名茶，如涌溪火青，也有用适中采原料制成的炒青、烘青，以及精制成的眉茶、珠茶、雨茶等。墨绿型如图 2—4 所示。

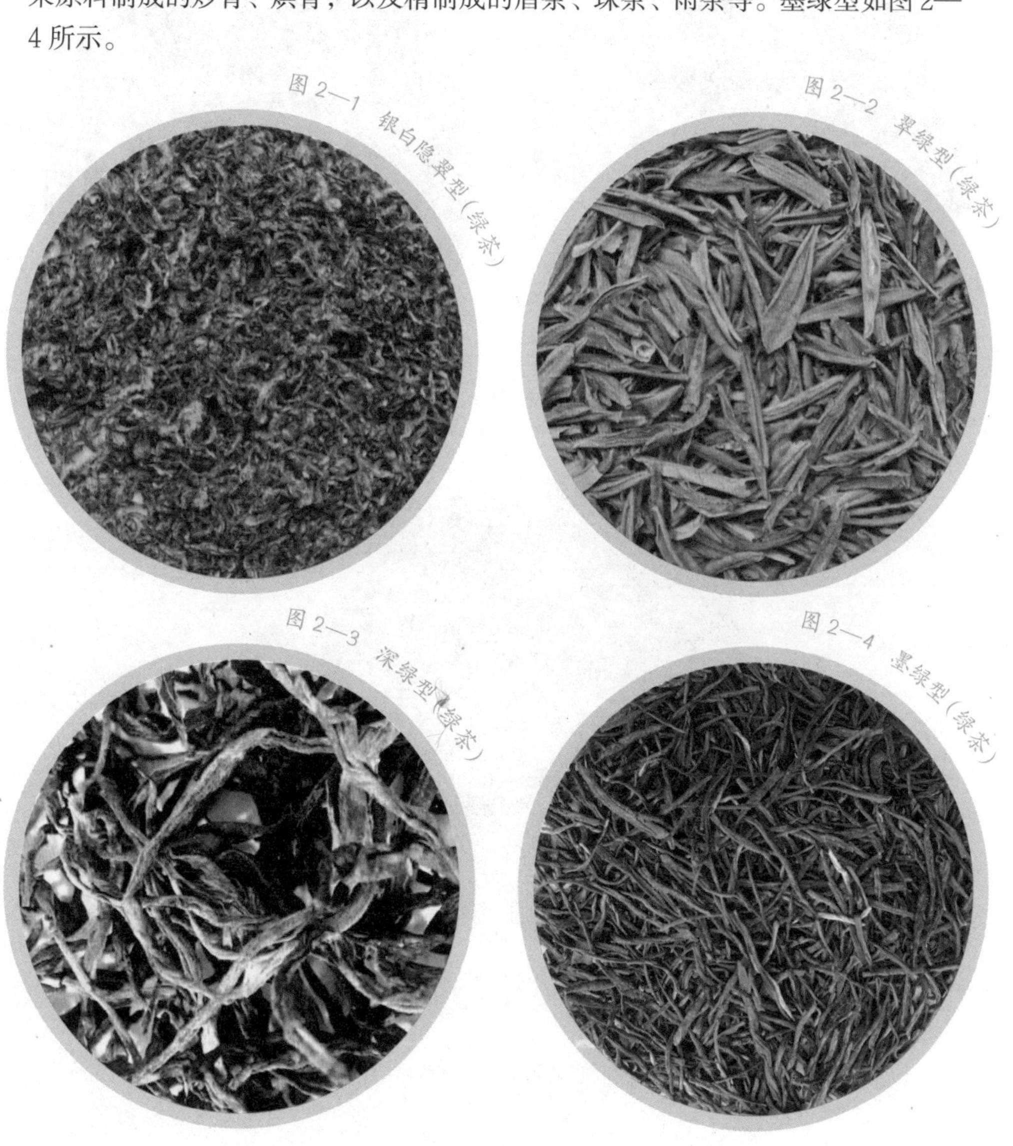

图 2—1 银白隐翠型（绿茶）

图 2—2 翠绿型（绿茶）

图 2—3 深绿型（绿茶）

图 2—4 墨绿型（绿茶）

⑤黄绿型。黄绿型中有用适中采原料制作的名茶，如舒城小兰花，也有用以一芽三叶和相应的对夹叶为主原料，制作的中、下档烘青、炒青。黄绿型如图2—5所示。

⑥金黄隐翠型。金黄隐翠型俗称象牙色，以单芽或一芽一叶为原料，如黄山毛峰等。金黄隐翠型如图2—6所示。

⑦黑褐型。黑褐型多采用粗老采大叶种原料制成晒青绿茶，精制成半成品后，经过湿热渥堆，促进茶叶中多酚类物质转化，形成黑褐色，如普洱茶等。黑褐型如图2—7所示。

图2—5 黄绿型（绿茶）

图2—6 金黄隐翠型（绿茶）

图2—7 黑褐型（绿茶）

2）黄茶类

①嫩黄型。嫩黄型采用细嫩采原料，制造中有闷黄工序，干茶嫩黄或浅黄，

茸毛满布，典型品种如蒙顶黄芽、莫干黄芽、建德苞茶、平阳黄汤等。

②金黄型。金黄型采用细嫩采原料，芽头肥壮，芽色金黄，芽毫闪光，典型品种如君山银针（有“金镶玉”之美称）、沩山毛尖（俗称“寸金茶”）、远安鹿苑、北港毛尖等。金黄型如图2—8所示。

3）黑茶类。黑茶类中主要是黑褐型，采用粗老采原料，有渥堆发酵（微生物作用）工序。在湿热作用下，使可溶性小分子聚合成不溶性大分子，干茶呈黑褐色，如黑毛茶、湘尖茶、六堡茶等。黑褐型如图2—9所示。

4）红茶类

①乌黑型。乌黑型采用适中采原料，可制成高级工夫红茶（即高级条红茶）和中、高档红碎茶，干茶乌黑有光泽。乌黑型如图2—10所示。

②棕红型。棕红型采用适中采原料制成，如用转子机或C.T.C制成的红碎茶。棕红型如图2—11所示。

③黑褐型。黑褐型红茶多为中、低档红茶及火砖茶（红茶末制成的砖茶）。

④橙红型。橙红型采用细嫩原料，叶芽多茸毛，典型品种如滇红金芽。橙红型红茶如图2—12 a所示。

图2—8　金黄型（黄茶）

图2—9　黑褐型（黑茶）

图2—10　乌黑型（红茶）

图 2—11　棕红型（红茶）

5）乌龙茶类

①橙红型。橙红型如重发酵的白毫乌龙（东方美人），其特点近似于红茶，采用细嫩采原料，芽叶多茸毛，发酵较重（发酵度为70%），偏红茶类型，典型品种如白毫乌龙等。橙红型乌龙茶如图 2—12 b 所示。

a)　　b)

图 2—12　橙红型的红茶和乌龙茶
a) 橙红型红茶　b) 橙红型乌龙茶

②砂绿型。砂绿型又叫鳝鱼色，采用粗老采原料制成，火功足，干茶色泽砂绿、光润，俗称砂绿润，典型品种如铁观音、乌龙茶等。砂绿型如图 2—13 所示。

③青褐型。青褐型采用粗老采原料制成，叶张厚实，干茶色泽褐中泛青，典型品种如水仙、武夷岩茶等。青褐型如图 2—14 所示。

④灰绿型。灰绿型采用粗老采原料制成，轻发酵，偏绿茶色泽，典型品种如翠玉乌龙等。灰绿型如图 2—15 所示。

图 2—13 砂绿型（乌龙茶）

图 2—14 青褐型（乌龙茶）

图 2—15 灰绿型（乌龙茶）

6）白茶类

①银白型。银白型采用单芽或一芽一叶原料，多毫品种，保毫制法，典型品种如白毫银针等。银白型如图 2—16 所示。

图 2—16 银白型（白茶）

②灰绿型。灰绿型采用细嫩采原料，毫心银白，叶面灰绿，典型品种如白牡丹等。灰绿型如图 2—17 所示。

③灰绿带黄型。灰绿带黄型采用适中采原料，外形芽心较小，色泽灰绿稍黄，典型品种如

贡眉，其中品质较差的称寿眉。灰绿带黄型如图 2—18 所示。

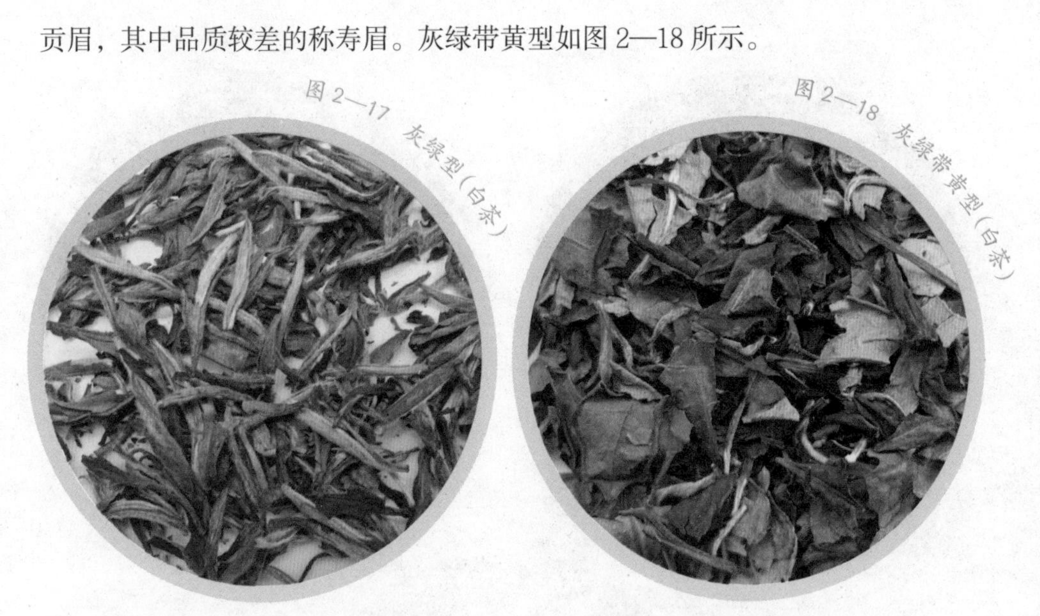

图 2—17 灰绿型（白茶）

图 2—18 灰绿带黄型（白茶）

（2）茶汤色泽

1）绿茶类

①浅绿型。浅绿型原料细嫩，轻揉捻，制造及时，大部分名绿茶就属此类型，典型品种如太平猴魁、庐山云雾、高桥银峰、惠明茶、望海茶、望府银毫以及各种毛尖、毛峰。浅绿型如图 2—19 所示。

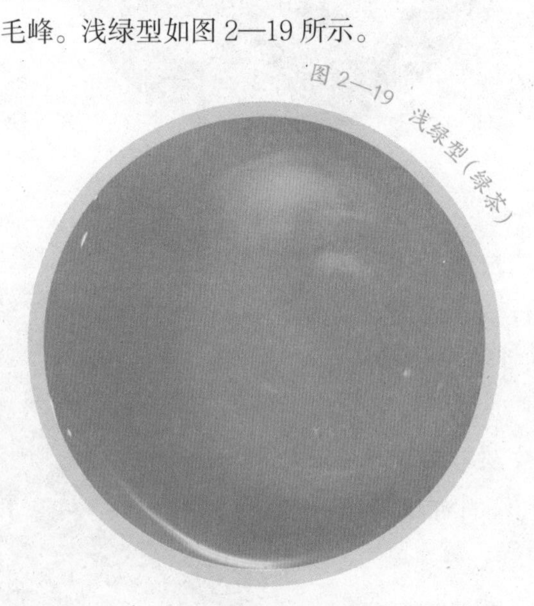

图 2—19 浅绿型（绿茶）

②杏绿型。杏绿型又称嫩绿型，原料细嫩，鲜叶黄绿色，炒制得法，典型品种如西湖龙井、六安瓜片、天山烘绿等。杏绿型如图 2—20 所示。

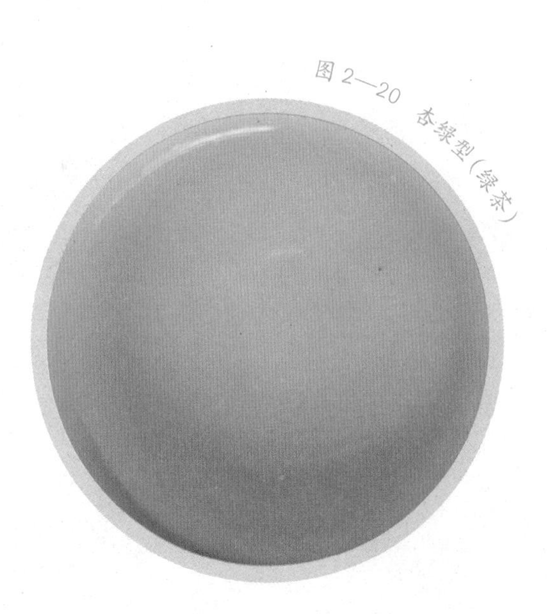

图 2—20 杏绿型（绿茶）

③绿亮型。绿亮型包括绿明、清亮、清明，原料细嫩，揉捻适中，典型品种如古丈毛尖、安化松针、信阳毛尖等。绿亮型如图 2—21 所示。

④黄绿型。黄绿型是采用适中采原料炒制成的大众化绿茶的典型汤色，典型品种如烘青、眉茶、珠茶等。黄绿型如图 2—22 所示。

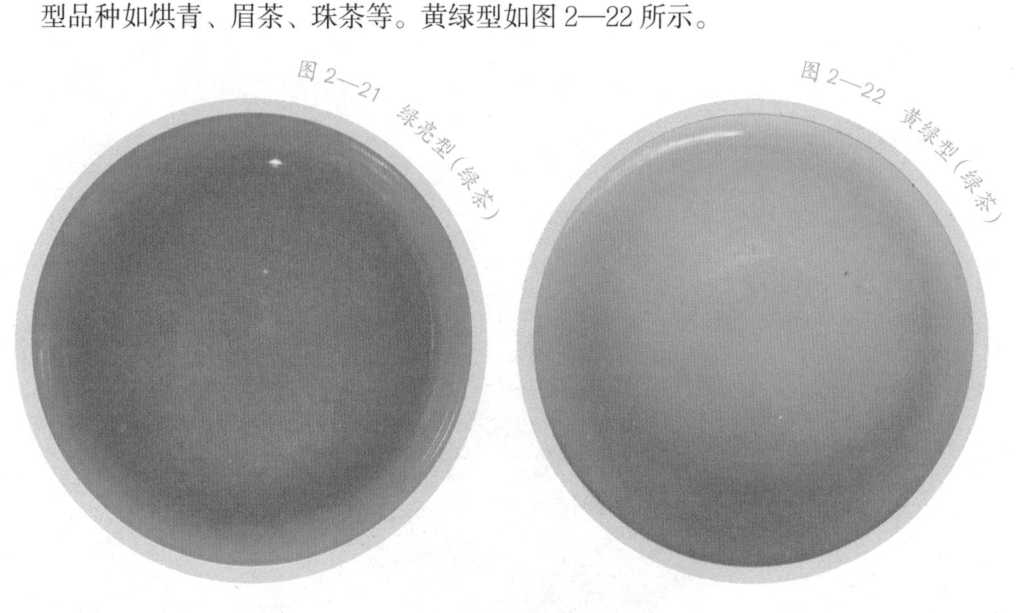

图 2—21 绿亮型（绿茶）

图 2—22 黄绿型（绿茶）

⑤橙黄型。橙黄型是用绿茶原料制成的紧压茶的汤色，如沱茶等。橙黄型如图 2—23 所示。

2）黄茶类

①杏黄型。杏黄型或称淡杏黄色，鲜叶为单芽或一芽一叶，为高级黄茶的典型汤色，典型品种如蒙顶黄芽、莫干黄芽、君山银针、建德苞茶等。杏黄型

如图 2—24 所示。

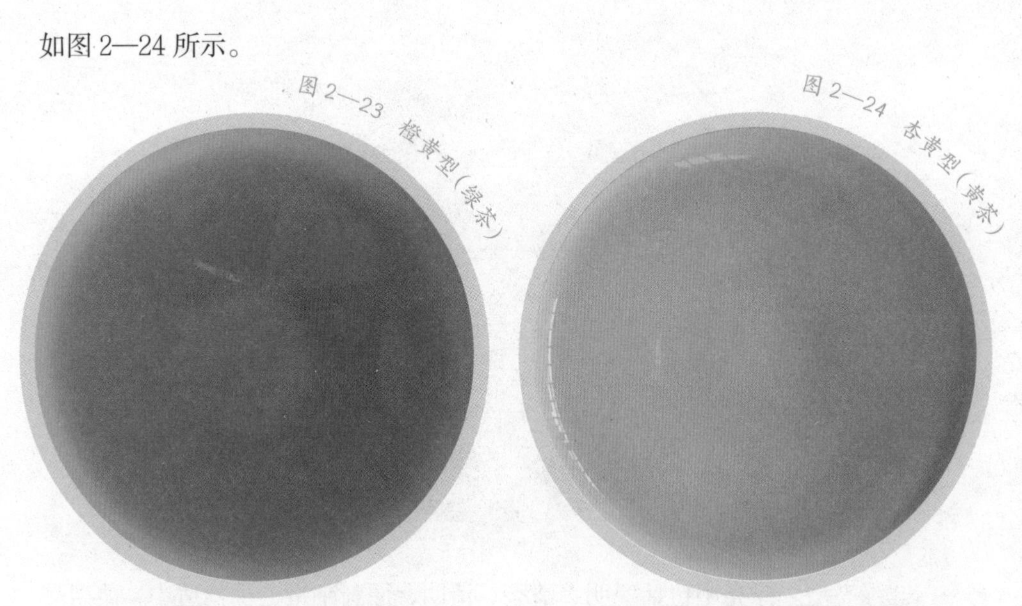

图 2—23　橙黄型（绿茶）　　图 2—24　杏黄型（黄茶）

②橙黄型。橙黄型是用细嫩采或适中采原料制成的黄茶的汤色，典型品种如广东大叶青、沩山毛尖、黄大茶、平阳黄汤等。

3）黑茶类

①橙黄型。橙黄型是湿坯渥堆做色蒸压的黑茶的汤色，如茯砖。橙黄型如图 2—25 所示。

图 2—25　橙黄型（黑茶）

②橙红型。橙红型是湿坯渥堆做色蒸压的黑茶的汤色，如花砖、康砖。橙红型如图 2—26 所示。

③深红型。深红型为干坯渥堆做色或成茶堆积做色的蒸压或炒压茶的汤色，如方包茶、六堡茶。深红型如图 2—27 所示。

图 2—26 橙红型（黑茶）

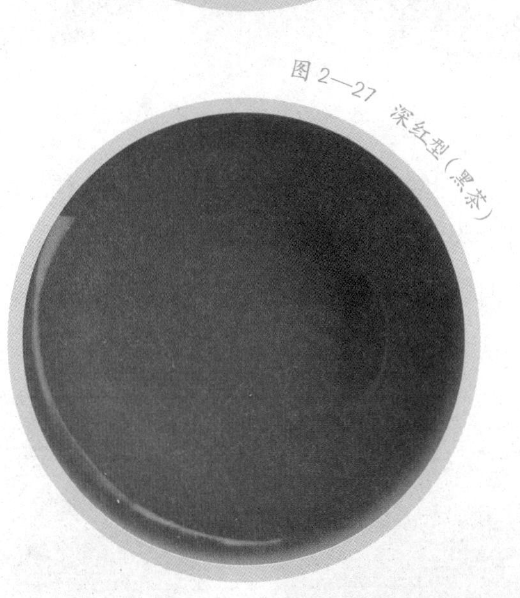
图 2—27 深红型（黑茶）

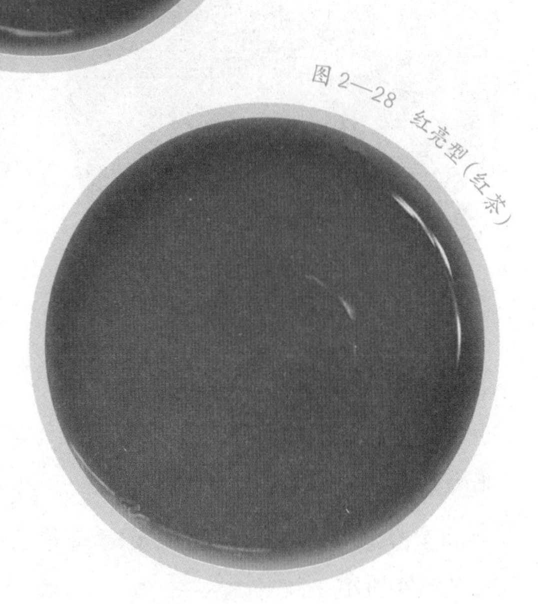
图 2—28 红亮型（红茶）

4）红茶类

①红亮型。红亮型为用适中采原料制成的工夫红茶的汤色。红亮型如图 2—28 所示。

②红艳型。红艳型是原料较嫩的工夫红茶或用快速揉切制成的高档红碎茶的最优汤色。红艳型如图 2—29 所示。

③深红型。深红型是较老原料制成的低档红碎茶、工夫茶及红砖

茶的汤色。深红型如图 2—30 所示。

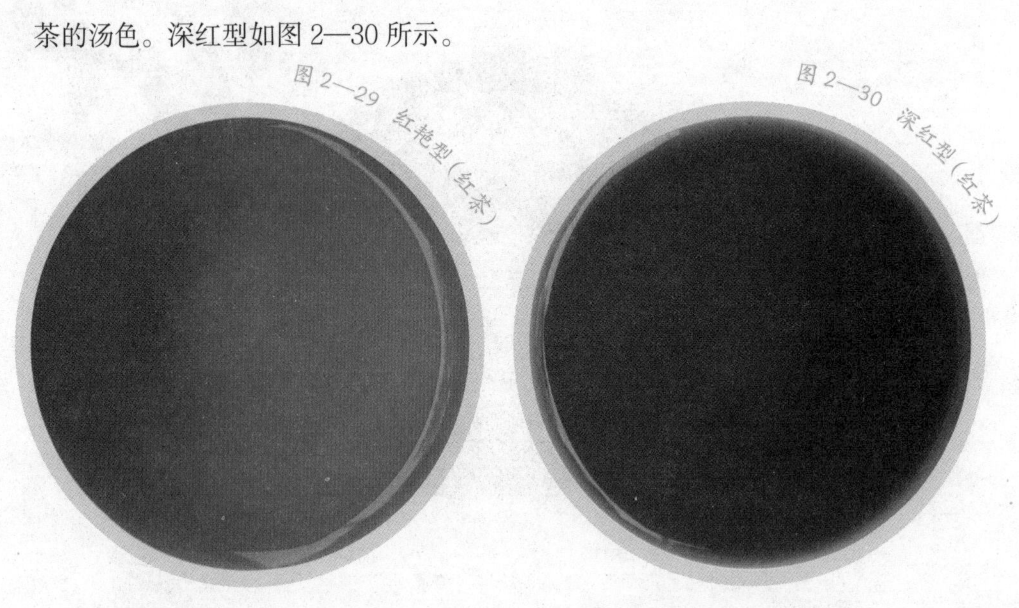

图 2—29　红艳型（红茶）

图 2—30　深红型（红茶）

5）乌龙茶类

①金黄型。金黄型俗称茶油色，如铁观音、黄金桂、闽南青茶、广东青茶等。金黄型如图 2—31 所示。

②橙黄型。橙黄型如闽北青茶、武夷岩茶等，如图 2—32 所示。

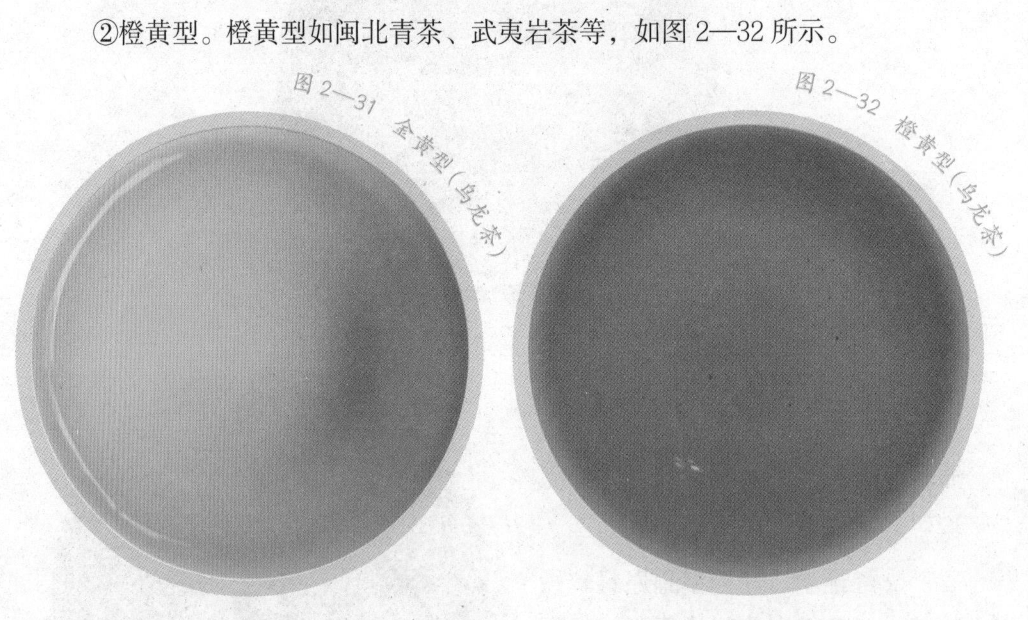

图 2—31　金黄型（乌龙茶）

图 2—32　橙黄型（乌龙茶）

③橙红型。橙红型为火工饱足的乌龙茶及重发酵乌龙茶的汤色，如白毫乌龙等。橙红型如图 2—33 所示。

④橙绿型。橙绿型为轻发酵乌龙茶的汤色，如翠玉乌龙等。橙绿型如图 2—34 所示。

图 2—33 橙红型（乌龙茶）

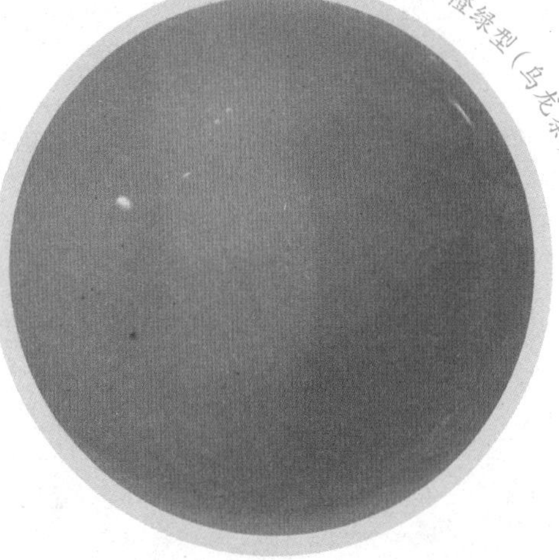

图 2—34 橙绿型（乌龙茶）

6）白茶类

①微黄型。微黄型为高档白茶的典型汤色，如白毫银针、白牡丹等。微黄型如图 2—35 所示。

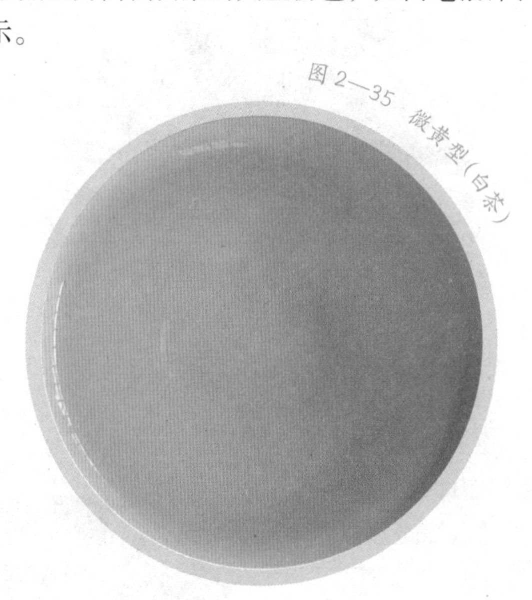

图 2—35 微黄型（白茶）

②黄亮型。黄亮型有一芽二、三叶制成的贡眉，品质不如前者。黄亮型如图 2—36 所示。

③黄褐型。贡眉中品质较差的寿眉即属此型，如图 2—37 所示。

（3）叶底色泽

1）绿茶类

①嫩黄型。嫩黄型如黄山毛峰、洞庭碧螺春、涌溪火青等，如图 2—38 所示。

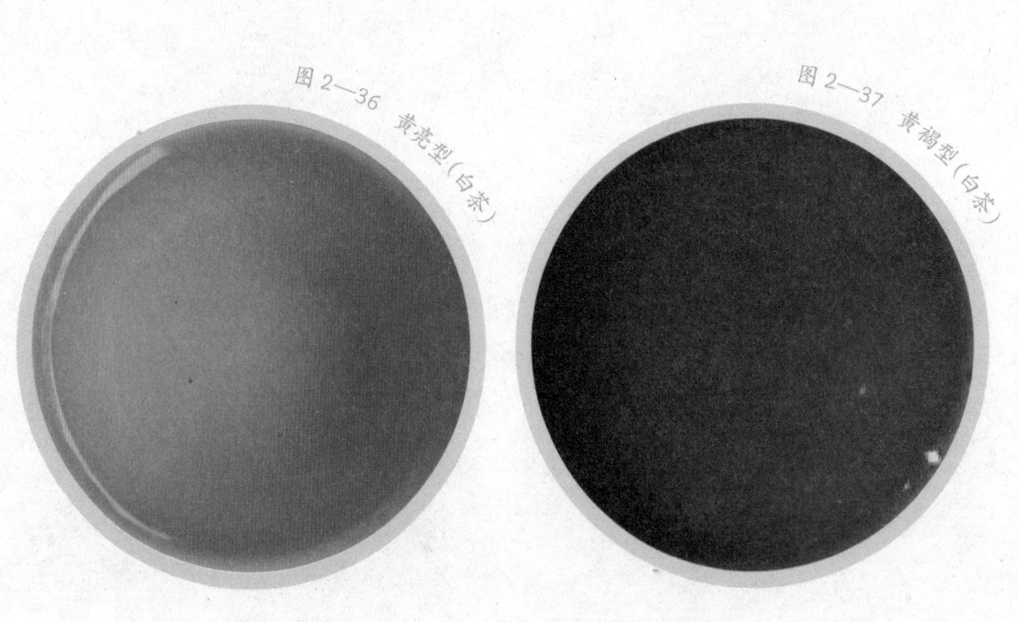

图2—36 黄亮型（白茶）

图2—37 黄褐型（白茶）

图2—38 嫩黄型（绿茶）

图2—39 嫩绿型（绿茶）

②嫩绿型。嫩绿型即翠绿型，以细嫩采原料制成的名绿茶多属此型，如西湖龙井、六安瓜片、正天山绿茶、太平猴魁、蒙顶甘露、南京雨花茶、高桥银峰、庐山云雾以及各种毛尖、毛峰。嫩绿型如图2—39所示。

③鲜绿型。鲜绿型是蒸青绿茶的特有色泽，如恩施玉露以及高级煎茶。鲜绿型如图2—40所示。

④绿亮型。绿亮型包括绿明型，如浙江旗枪、休宁松萝以及高级烘青。绿亮型如图 2—41 所示。

图 2—40 鲜绿型（绿茶）

图 2—41 绿亮型（绿茶）

⑤黄绿型。黄绿型如采用适中采原料制成的舒城兰花以及大宗绿茶。黄绿型如图 2—42 所示。

2）黄茶类。嫩黄型为高级黄茶的典型叶底色泽，如君山银针、蒙顶黄芽、莫干黄芽等。嫩黄型如图 2—43 所示。

图 2—42 黄绿型（绿茶）

图 2—43 嫩黄型（绿茶）

3）黑茶类

①黄褐型。黄褐型包括黄暗型，如方包茶以及中、低级黑毛茶，如

图 2—44 所示。

②棕褐型。棕褐型如康砖、金尖等，如图 2—45 所示。

图 2—44 黄褐型（黑茶）

图 2—45 棕褐型（黑茶）

③黑褐型。黑褐型包括暗褐型，在加工中进行渥堆或陈醇化，如黑砖、茯砖、六堡茶等，如图 2—46 所示。

图 2—46 黑褐型（黑茶）

4）红茶类

①红亮型。红亮型为优良工夫红茶的典型叶底色泽，如图 2—47 所示。

②红艳型。红艳型是红碎茶最优的叶底颜色，如图 2—48 所示。

图 2—47 红亮型（红茶）

图 2—48 红艳型（红茶）

5）乌龙茶类

①绿叶红镶边型。绿叶红镶边型为乌龙茶的典型叶底色泽，如武夷水仙、安溪铁观音、闽北乌龙、闽南青茶、凤凰水仙、广东色种等，如图 2—49 所示。

②黄亮叶镶红边型。部分乌龙茶属此型，如黄金桂、浪菜、闽北水仙等。黄亮叶镶红边型如图 2—50 所示。

③橙红型。橙红型发酵程度重而原料细嫩，如白毫乌龙等。橙红型如图 2—51 所示。

6）白茶类

①银白型。银白型是用多茸毛品种芽头制成的白茶所具有的叶底色泽，芽周围披满银白色茸毛，如白毫银针等。银白型如图 2—52 所示。

②灰绿型。灰绿型是用多毛或中毛品种芽制成的白茶所具有的叶底色泽，叶面灰绿色，而叶背披茸毛，有“青

图 2—49 绿叶红镶边型（乌龙茶）

图 2—50 黄亮叶镶红边型（乌龙茶）

天白地”之称，叶脉带红色，如白牡丹等。灰绿型如图 2—53 所示。

图 2—51 橙红型（乌龙茶）

图 2—52 银白型（白茶）

图 2—53 灰绿型（白茶）

图 2—54 黄绿型（白茶）

③黄绿型。黄绿型是用中毛或少毛品种的适中原料制成的白茶所具有的叶底色泽，叶脉、梗带红色，如贡眉、寿眉等。黄绿型如图 2—54 所示。

2. 茶的香气类型

因茶叶鲜叶品质、加工方法的不同，成品茶的香气也不同，具体类型见表 2—1。

表2—1 茶的香气类型

香气类型		说明	典型品种
毫香型		凡有白毫的鲜叶，嫩度为单芽或一芽一叶，制作正常，白毫显露的干茶，冲泡时有典型的毫香	白毫银针以及部分毛尖、毛峰
清香型		香气清纯，柔和持久，香虽不高但缓缓散发，令人有愉快感，是嫩采现制的茶所具有的香气，为名优绿茶的典型香气	名优绿茶；少数闷堆程度较轻、干燥火工不饱满的黄茶；摇青、做青程度偏轻，火工不足的乌龙茶
嫩香型		香味清新，有似熟板栗、熟玉米的香气。鲜叶原料细嫩柔软，制作良好的名优绿茶香气	峨蕊、泉岗辉白以及部分毛尖、毛峰
花香型	青花香	散发出各种类似鲜花的香气，包括兰花香、栀子花香、珠兰花香、米兰花香、金银花香等	部分绿茶天然具有兰花香，如舒城兰花、涌溪火青、高档舒绿
	甜花香	散发出各种类似鲜花的香气，包括玉兰花香、桂花香、玫瑰花香和墨红花香等	铁观音、色种、乌龙、水仙、浪菜、台湾乌龙属此型，祁门红茶具有玫瑰花香
	各种花茶因窨制用花的不同，各具不同的花香		
果香型		散发出类似各种水果香气，如毛桃香、蜜桃香、雪梨香、佛手香、橘子香、李子香、香橼香、菠萝香、桂圆香、苹果香等	闽北青茶及部分品种茶属此型，红茶常带苹果香
甜香型		包括清甜香、甜花香、干果香（枣香、桂圆香）、蜜糖香等	适中采鲜叶制成的工夫红茶有此典型香气
火香型		包括米糕香、高火香、老火香和锅巴香。鲜叶原料较老，含梗较多	黄大茶、武夷岩茶、古劳茶等
陈醇香型		原料较老，加工中经渥堆陈醇化过程制成的茶，均具有此种香气	普洱茶及大部分紧压茶
松烟香型		在制作过程的干燥工序中，用燃烧松柏或枫球、黄藤的烟熏出的茶，带有松烟香气	小种红茶、六堡茶、沩山毛尖等

3. 茶的滋味类型

茶的滋味类型见表2—2。

表2—2　　茶的滋味类型

滋味类型	说明	典型品种
清鲜型	清香味鲜且爽口，鲜叶原料细嫩，制造及时合理的绿茶和红茶	洞庭碧螺春、蒙顶甘露、南京雨花茶、都匀毛尖等
鲜浓型	包括鲜厚型。味鲜而浓，回味爽口，有吃新鲜水果的感觉。鲜叶嫩度高，叶厚芽壮，制造及时合理	黄山毛峰、婺源茗眉等
鲜醇型	包括鲜爽型。味鲜而醇，回味鲜甜爽口。鲜叶较嫩，新鲜，制造及时，揉捻较轻者	太平猴魁、顾渚紫笋、白牡丹，以及高级烘青，还有揉捻正常的高级祁红、宜红
鲜淡型	味鲜甜，较淡。鲜叶嫩而新鲜，因原料内含物含量和加工工艺所致	君山银针、蒙顶黄芽等
浓烈型	有清香或熟板栗香，味浓而不苦，富收敛性而不涩，回味长而爽口，有甜感。芽肥壮，叶肥厚，嫩度较好的一芽二、三叶，内含物丰富，制法合理的均属此型	屯绿、婺绿等
浓厚（爽）型	有较强的刺激性和收敛性，回味甘爽。细嫩采原料，叶片厚实，制造合理	凌云白毫、南安石亭绿、舒绿、遂绿、滇红、武夷岩茶等
浓醇型	收敛性和刺激性较强，回味甜或甘爽。鲜叶嫩度好，制造得法	优良的工夫红茶、毛尖、毛峰，以及部分乌龙茶
甜醇型	包括醇甜、甜和、甜爽，有鲜甜厚之感。原料细嫩而新鲜，制造讲究	安化松针、恩施玉露、白毫银针、小叶种工夫红茶
醇爽型	不浓不淡，不苦不涩，回味爽口。鲜叶嫩度好，加工及时合理	蒙顶黄芽、霍山黄芽、莫干黄芽以，及一般中、高级工夫红茶
醇厚型	味尚浓，带刺激性，回味略甜或爽，鲜叶质地好，绿茶、红茶和乌龙茶均有此味型	涌溪火青、高桥银峰、古丈毛尖、庐山云雾、水仙、乌龙、色种、铁观音、祁红、川红，以及部分闽红
醇和型	味欠浓鲜，但不苦涩，有醇厚感，回味平和较弱	中级工夫红茶、天尖（包括贡尖、生尖）、六堡茶
平和型	清淡正常，不苦涩，有甜感。粗老采原料，芽叶一半以上老化	低档红茶、绿茶、乌龙茶，以及中、低档黄茶，中档黑茶
陈醇型	陈味带甜，制造中经渥堆陈醇化	普洱茶、六堡茶

4. 茶的形状类型

茶的形状可分为干茶形状和叶底形状两种类型。

（1）干茶形状类型

1）针型。茶条紧圆挺直，两头尖似针状，如白毫银针、安化松针、南京雨花茶、恩施玉露、保靖岚针、君山银针、蒙顶石花等。针型如图 2—55 所示。

2）雀舌型。茶条紧扁圆挺直，芽尖与第一叶尖等长，顶部似雀嘴微开，

图 2—55　针型

如顾渚紫笋、敬亭绿雪、黄山特级毛峰等。雀舌型如图2—56所示。

3)尖条型。干茶两叶抱芽扁展，不弯、不翘、不散开，两端略尖，如太平猴魁、贡尖、魁尖等。尖条型如图2—57所示。

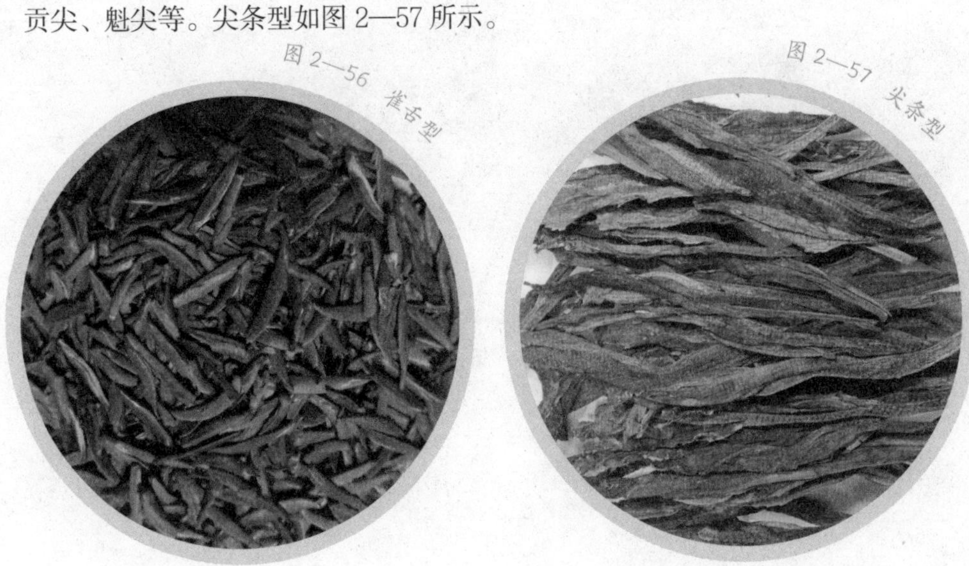
图2—56 雀舌型

图2—57 尖条型

4）花朵型。花朵型芽叶相连似花朵，基部如花蒂，芽叶端部稍散开，如白牡丹、舒城小兰花、江山绿牡丹、六安瓜片等。花朵型如图2—58所示。

图2—58 花朵型

5）扁型。扁型包括扁条型和扁片型，如龙井、旗枪、大方、湄江翠片、天湖凤片、仙人掌茶、千岛玉叶等。高级龙井扁平光滑，挺直尖削，芽长于叶，形似“碗钉”，即两头尖，中间为韭菜扁形。扁型如图2—59所示。

图 2—59 扁型

6)卷曲型。条索紧细卷曲，白毫显露，如洞庭碧螺春、高桥银峰、都匀毛尖、蒙顶甘露、汀波绿等。卷曲型如图 2—60 所示。

图 2—60 卷曲型

7）圆珠型。圆珠型包括滚圆形、腰圆形、拳圆形、盘花形的茶。颗粒细紧滚圆，形似珍珠的有珠茶；腰圆形的有涌溪火青；茶条卷曲紧结如盘花的有泉岗白、临海盘毫；拳圆形的有贡熙。

8）环钩型。条索细紧弯曲呈环状或钩状，如鹿苑毛尖、歙县银钩、桂东玲珑茶、广济寺毛尖、九曲红梅等。

9）条型。茶条的长度比宽度大好几倍，有的外表浑圆，有的外表有棱角、毛糙，但均紧结有苗锋。条型茶有绿茶中的炒青、烘青、晒青、特珍、珍眉、特针、雨茶，红茶中的工夫红茶、小种红茶，红碎茶中的白毫等，还有黑茶中的黑毛茶、天尖、贡尖、生尖、六堡茶等，乌龙茶中的水仙，名绿茶中的韶山韶峰、休宁

松萝、庐山云雾、青茶莲心及各种毛尖、毛峰。条型如图 2—61 所示。

图 2—61 条型

10）螺钉型。茶条顶端扭成圆块状或芽菜状，枝叶基部翘起如螺钉状。顶端扭成圆块状的，如闽南青茶、铁观音、乌龙、色种等；顶端扭成芽菜状的，如闽北青茶、武夷岩茶等。螺钉型如图 2—62 所示。

图 2—62 螺钉型

11）颗粒型。茶叶紧卷成颗，略具棱角，如绿碎茶、红碎茶中的花碎橙黄白毫、碎橙黄白毫、碎白毫等。颗粒型如图 2—63 所示。

12）碎片型。屑片皱褶隆起，形似木耳，质地稍轻，如红碎茶中的橙黄白毫、白毫片、橙黄片等。屑片皱褶少而平，形似纸屑，如秀眉、三角片。

13）粉末型。茶叶体形小于 34 孔 / 英寸（1 英寸 =2.54 cm）的末茶，均属此型。粉末型如图 2—64 所示。

图 2—63 颗粒型　　图 2—64 粉末型

14）束型。在制造过程后期，将一定数量的芽梢用丝线（或棉线）捆扎成不同形状，最后烘干定型。有束成菊花形状的，如墨菊、绿牡丹；有扎成毛笔头状的，如龙须茶。束型如图 2—65 所示。

图 2—65 束型

15）团块型。毛茶精制后经过蒸炒压成团块形状。有长方形的黑砖、花砖、茯砖、老青砖、米砖等，有枕形的金尖和砖形的康砖、紧压茶，方形的普洱茶和碗臼形的沱茶，圆形的七子饼茶，方包形的方包茶，圆柱形的六堡茶。团块型如图 2—66 ~ 图 2—68 所示。

图2—66　团块型1

图2—67　团块型2

图2—68　团块型3

（2）叶底形状类型

叶底即冲泡后的茶渣。从茶渣的老嫩、整碎、色泽等方面可以判断出原料品质和加工中的问题。同时，在名优茶冲泡中，常欣赏冲泡过程中的茶芽舒展情况和叶底形状、色泽。

1）芽型。芽型是由单芽组成的叶底，典型品种如君山银针、白毫银针、蒙顶石花等。芽型如图2—69所示。

图2—69　芽型

2）雀舌型。一芽一叶初展的原料炒制后，芽叶基部相连，端部如雀嘴张开，称雀舌型，典型品种如黄山毛峰、莫干黄芽、敬亭绿雪等。雀舌型如图 2—70 所示。

图 2—70 雀舌型

3）花朵型。花朵型叶底芽叶完整，自然展开似花朵，典型品种如涌溪火青、太平猴魁、白牡丹、江山绿牡丹、龙井、旗枪、舒城小兰花，以及各种毛尖和毛峰、泉岗白等。花朵型如图 2—71 所示。

图 2—71 花朵型

4）整叶型。整叶型由芽或单叶组成，典型品种如六安瓜片、炒青、烘青、红毛茶等。整叶型如图 2—72 所示。

5）半叶型。半叶型经精制加工切碎，叶片断碎多呈半叶状，典型品种如工夫红茶、眉茶、雨茶等。半叶型如图 2—73 所示。

6）碎叶型。碎叶型在生产时会经过揉切等破碎工艺，如红碎茶的碎片型茶、

图 2—72　整叶型
图 2—73　半叶型

绿碎茶等。碎叶型如图 2—74 所示。

7）末型。体形小于 34 孔 / 英寸的茶末均属此型，如图 2—75 所示。

图 2—74　碎叶型
图 2—75　末型

二、茶叶质量分级

1. 茶叶的细分

（1）绿茶

绿茶有大宗绿茶和名优绿茶之分。大宗绿茶是指除名优绿茶以外的炒青、烘青、晒青等普通绿茶，大多以机械制造，产量较大，品质以中、低档为主。大宗绿茶根据鲜叶原料的嫩度不同，由嫩到老划分级别，一般设置 1 ~ 6 级 6

个级别，品质由高到低。

名优绿茶是指造型有特色、内质香味独特、品质优异的绿茶，一般以手工制造，产量相对较小。

绿茶一般经过杀青、揉捻、干燥三道工序加工而成。杀青是形成该类茶品质的关键工序，根据杀青方法的不同，又分为炒热杀青和蒸汽杀青两类。

1）炒热杀青。炒热杀青是我国绿茶的传统杀青方法。其优点是香味浓醇鲜爽，深受消费者的欢迎。按干燥方式的不同，又可分为炒干（锅炒或滚炒）、烘干和晒干，分别称为炒青茶、烘青茶和晒青茶。

①炒青茶。炒青茶按干茶的形状区分，可分为长炒青、圆炒青和扁炒青。其中长炒青的产地最广、产量最多。

长炒青的主产区是浙江、安徽和江西三省。浙江有杭炒青、遂炒青和温炒青，安徽有屯炒青、芜炒青和舒炒青，江西有婺炒青、赣炒青和饶炒青等。长炒青分为1～6级6个级别。

长炒青的品质特征为中高档茶条索紧结，浑直匀齐，有锋苗，色泽绿润；香气浓高，滋味浓醇，汤色黄绿清澈，叶底黄绿明亮。长炒青经精制加工后称为眉茶，主要出口销售。近年来，也有部分产茶省将长炒青精制加工后作为窨制花茶的原料。

圆炒青也是我国绿茶的主要品种之一，历史上主要集散地在浙江绍兴市平水镇，因而称为“平水珠茶”，毛茶又称为平炒青。外形呈颗粒状，高档茶圆紧似珠，匀齐重实，色泽墨绿油润。内质香气纯正，滋味浓醇，汤色清明，叶底黄绿明亮，芽叶柔软完整。圆炒青经精制加工后称为珠茶，珠茶分为特级、1～5级和不列级。主要出口非洲国家。

扁炒青外形呈扁平形，包括龙井茶、大方茶、旗枪茶等。龙井茶因产地不同，有西湖龙井茶和浙江龙井茶之分。龙井茶分为特级、1～5级6个级别。

如图2—76所示为长炒青中品质较好的婺绿。

图2—76 炒青茶——婺绿

②烘青茶。烘青茶是用烘焙

方式干燥的绿茶，有毛烘青和特种烘青。毛烘青是条形茶，产区分布甚广，各主要产茶省均有生产，以浙江、安徽和福建三省为最多，品名一般在“毛烘青”前加产地名，如浙毛烘青、徽毛烘青、闽毛烘青、湘毛烘青、苏毛烘青、川毛烘青和滇毛烘青等。特种烘青即烘青名优茶，主要有黄山毛峰、太平猴魁、开化龙顶、江山绿牡丹等。烘青茶一般设置1～6级6个级别。

图 2—77 烘青茶——黄山毛峰

毛烘青的品质特征为外形条索尚紧直，有锋苗，露毫，色泽深绿油润；内质香气清纯，滋味鲜醇，汤色黄绿清澈明亮，叶底嫩绿明亮完整。其中，徽毛烘青条索壮实，香味较浓，叶底肥厚；闽毛烘青条索细紧挺直；浙毛烘青条索稍松，嫩度较好，香味鲜和。毛烘青经精制加工后，主要作为窨制花茶的原料，称为烘青花茶级型坯。

如图2—77所示为烘青名优茶黄山毛峰。

图 2—78 晒青茶——滇青

③晒青茶。晒青毛茶又称普通晒青，中南、西南各省区和陕西均有生产，一般以产地为名，如滇毛青、鄂毛青、川毛青、黔毛青、湘毛青、豫毛青和陕毛青等，品质以滇毛青为佳。晒青毛茶一部分精制加工后以散茶形式供应市场，一部分作为紧压茶原料。

晒青茶品质特征为外形条索尚紧结，色泽乌绿欠润，香气低闷，常有日晒气，汤色及叶底泛黄，常有红梗红叶，品质不及烘青茶。晒青茶分为1～5级5个级别。

如图2—78所示为晒青茶中的滇青。

2)蒸汽杀青。蒸汽杀青绿茶简称蒸青茶。日本的茶叶基本上以蒸青茶为主，如抹茶、玉露茶、碾茶和煎茶等，锅炒杀青茶较少。

高档煎茶条索细紧圆整，挺直呈针状，匀称有尖锋，色泽鲜绿有光泽；香气似苔菜香，味醇和，回味带甘，茶汤澄清呈淡黄绿色。中、低档茶，条索紧结略扁，挺直较长，色泽深绿，香气尚清香，滋味醇和略涩，叶底青绿色。

如图 2—79 所示为蒸青茶中的恩施玉露。

图 2—79 蒸青茶——恩施玉露

（2）红茶

图 2—80 工夫红茶

红茶根据加工方法的不同，分为工夫红茶、小种红茶、红碎茶三种。

1）工夫红茶。工夫红茶是条形红毛茶经多道工序，精工细做而成的，因颇花费工夫，故得此名。具有代表性的工夫红茶是祁门工夫、滇红工夫和宁红工夫。工夫红茶共分为8级，即特级、1 ~ 7级。如祁门工夫，春茶嫩度好，色泽乌润，香味柔和，品质较好；夏、秋茶汤色、叶底较为红亮，但香味的鲜醇度不如春茶，总的品质比春茶差。祁门工夫分为1 ~ 7级，其中1 ~ 3级茶苗锋较好，4 ~ 5级茶也较紧实，6 ~ 7级茶较短秃。工夫红茶如图2—80所示。

图2—81　小种红茶

2）小种红茶。小种红茶是福建省的特产，有正山小种和外山小种之分，正山小种原产地在武夷山市星村镇桐木关一带，也称“桐木关小种”或“星村小种”。坦洋、北岭、屏南、古田等地所产的仿照正山品质的小种红茶，质地较差，统称“外山小种”或“人工小种”。小种红茶条粗而壮实，因加工过程中有熏烟工序，所以会使其带有松烟香。小种红茶如图2—81所示。

图2—82　红碎茶

3）红碎茶。红碎茶在揉捻过程中，边揉边切，将茶条切细呈颗粒状。我国红碎茶根据产地及茶树品种不同，分为四套红碎茶，每套红碎茶都设有实物标准样。第一套红碎茶适用于云南大叶种地区，第二套红碎茶适用于广东、海南、广西等引种大叶种地区，第三套红碎茶适用于四川、贵州、湖北、湖南部分地区及福建等省的中小叶种地区，第四套红碎茶适用于浙江、湖南部分地区和江苏等省的小叶种地区。红碎茶根据其颗粒形状、规格的不同，又可分为叶茶、碎茶、片茶和末茶四种花色。品种不同的红碎茶品质有较大差异，花色规格不同，其外形形状、颗粒重实度及内质香味都有差别。红碎茶如图2—82所示。

（3）黄茶

黄茶按鲜叶老嫩不同，有芽茶、叶茶之分，同时可分为黄芽茶、黄小茶和黄大茶三种。

1）黄芽茶。黄芽茶是采摘单芽制成的黄茶，肥壮多毫，加工精湛，质量超群。黄芽茶可分为银针和黄芽两种，前者如君山银针（见图2—83），后者如蒙顶黄芽、霍山黄芽（见图 2—84）等。

图 2—83 君山银针

图 2—84 霍山黄芽

2）黄小茶。黄小茶的鲜叶采摘标准为一芽一、二叶或一芽二、三叶，品种有湖南的北港毛尖和沩山毛尖、浙江的平阳毛尖、皖西的黄小茶等。

3）黄大茶。黄大茶的鲜叶采摘标准为一芽三、四叶或一芽四、五叶，产量较多，主要有安徽霍山黄大茶和广东大叶青。

①霍山黄大茶。霍山黄大茶鲜叶采摘标准为一芽四、五叶。品质特征为外形叶大梗长，梗叶相连，形似钓鱼钩，色泽油润，有自然的金黄色；内质汤色深黄明亮，有突出的高爽焦香，似锅巴香，滋味浓厚，叶底色黄，耐冲泡。

②广东大叶青。广东大叶青以大叶种茶树的鲜叶为原料，采摘标准为一芽三、四叶。品质特征为外形条索肥壮卷曲，身骨重实，显毫，色泽青润带黄（或青褐色）；内质香气纯正，滋味浓醇回甘，汤色深黄明亮（或橙黄色），叶底浅黄色，芽叶完整。

（4）乌龙茶

乌龙茶按产地的不同，分为福建乌龙茶、广东乌龙茶和台湾乌龙茶。

1）福建乌龙茶。福建乌龙茶按做青（发酵）程度分闽北乌龙茶和闽南乌龙茶两大类。

①闽北乌龙茶。闽北乌龙茶做青时发酵程度较重，揉捻时无包揉工序，因而条索壮结挺直，叶端呈扭曲形，干茶色泽较乌润，香气为熟香型，汤色橙黄明亮，叶底三红七绿，红镶边明显。闽北乌龙茶根据品种和产地不同，有闽北水仙、闽北乌龙、武夷水仙、武夷肉桂、武夷奇种、品种（乌龙、梅占、观音、

雪梨、佛手、奇兰等）、普通名枞（金柳条、金锁匙、千里香、铁罗汉、不知春等），以及名岩名枞（水金龟、大红袍、白鸡冠、半天夭等）。武夷水仙分为特级、1 ~ 4 级 5 个级别。武夷肉桂分为特级、1 级、2 级 3 个级别。闽北乌龙茶如图 2—85 ~图 2—93 所示。

图 2—85　武夷水仙

图 2—86　武夷肉桂

图 2—87　梅占

图 2—88　佛手

图 2—89　奇兰

图 2—90 水金龟

图 2—91 大红袍

图 2—92 白鸡冠

图 2—93 半天夭

②闽南乌龙茶。闽南乌龙茶做青时发酵程度较轻，揉捻较重，干燥过程配有包揉工序，外形卷曲呈圆结颗粒形，干茶色泽较为绿润，为清香细长型，叶底绿叶红点或红镶边。闽南乌龙茶根据品种和产地不同，有安溪铁观音、安溪色种、永春佛手、闽南水仙、平和白芽奇兰、韶安八仙茶、福建单枞等。除安溪铁观音外，安溪县内的黄金桂、本山、毛蟹、大叶乌龙、奇兰等品种统称为安溪色种。安溪铁观音分为特级、1 ~ 4 级 5 个级别，黄金桂分为特级、1 级 2 个级别。闽南乌龙茶如图 2—94 ~图 2—97 所示。

图2—94　黄金桂

图2—95　本山

图2—96　毛蟹

图2—97　永春佛手

图2—98　凤凰单枞

2）广东乌龙茶。广东乌龙茶的主要品种有岭头单枞、凤凰单枞无性系——黄枝香单枞、芝兰香单枞、蜜兰单枞、玉兰香单枞等以及少量凤凰水仙，分为特级、1～4级5个级别。广东乌龙茶如图2—98～图2—100所示。

3）台湾乌龙茶。台湾乌龙茶从福建传入，其外形有半球形状和条形状，发酵程度有轻有重。发酵

图2—99 蜜兰单枞

图2—100 玉兰香单枞

轻者近似绿茶，干茶色泽翠润，汤色蜜绿，如文山包种、冻顶乌龙、青心乌龙、金萱、翠玉等；发酵重者近似红茶，汤色黄亮泛红，如白毫乌龙（也称东方美人）等。台湾乌龙茶如图2—101～图2—103所示。

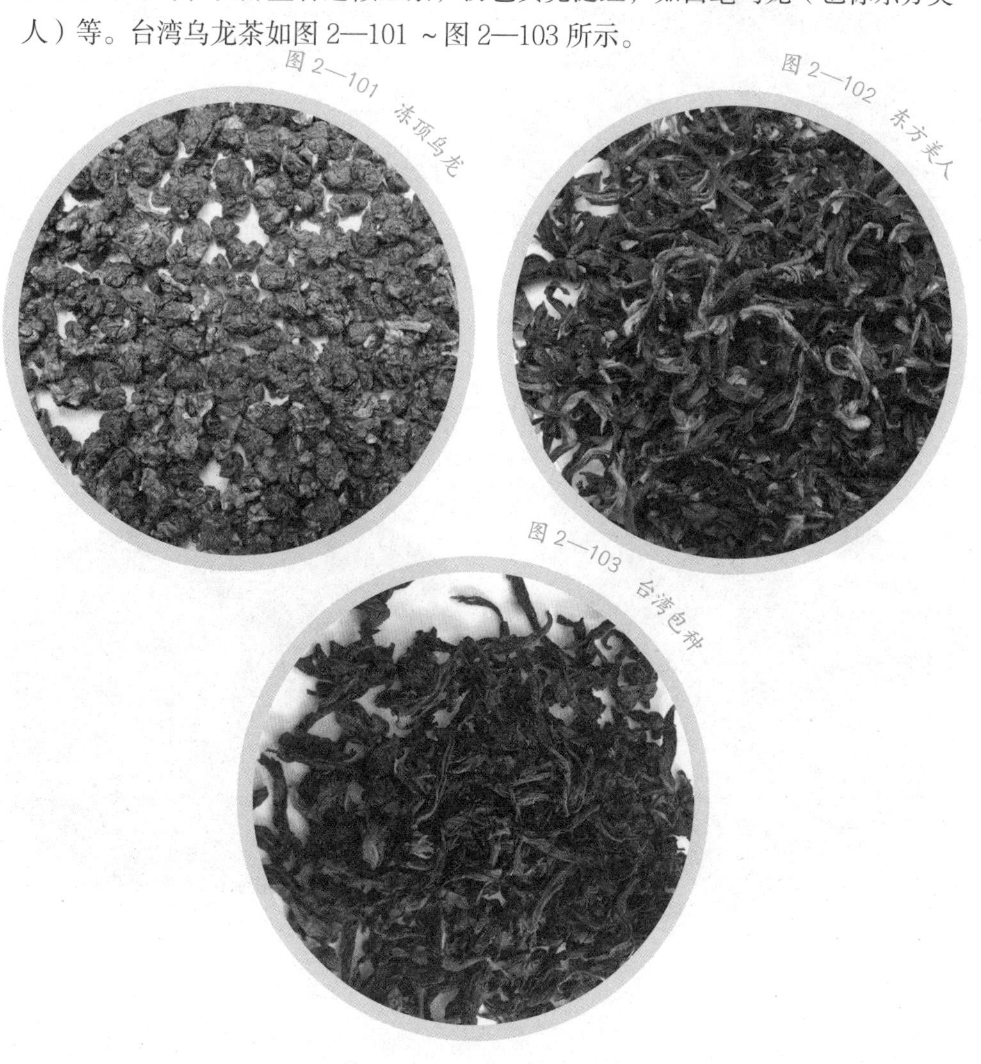

图2—101 冻顶乌龙

图2—102 东方美人

图2—103 台湾包种

图 2—104　白毫银针

（5）白茶

白茶是我国特种茶类之一，它是不经炒、揉，直接萎凋（或干燥）而成的片叶茶，属微（轻度）发酵茶。

白茶按其鲜叶原料的茶树品种来分，有“大白”（或水仙白）和“小白”。经精制加工后，花色品种有白毫银针（见图 2—104）、白牡丹（见图 2—105）、贡眉（见图 2—106）、寿眉（见图 2—107）。无性系品种大白茶，芽心肥壮，茸毛洁白，所采的嫩芽、叶可制珍品，包括白毫银针——以大白茶肥壮单芽采制而成，以及白牡丹——一芽二叶，芽叶连枝，白毫显露，形态自然，形似花朵。有性系菜茶品种芽叶制成的称“小白”，其条索细嫩，色泽灰绿，叶缘垂卷，微曲如眉，成品茶为贡眉。“大白”“小白”精制加工后的副产品统称寿眉。

图 2—105　白牡丹

图 2—106　贡眉

图 2—107　寿眉（饼茶）

（6）黑茶

黑茶按加工方法及形状不同，分为散装黑茶和压制黑茶两类。

1）散装黑茶。散装黑茶也称黑毛茶，主要有湖南黑毛茶、湖北老青茶、四川坐庄茶、广西六堡散茶、云南普洱茶等。

①湖南黑毛茶。湖南黑毛茶采摘的鲜叶原料较粗老，一般由一芽四、五叶组成，分毛茶与成品茶两类。黑毛茶分为4级：1级毛茶主制天尖和贡尖，2级毛茶主制贡尖和生尖，3～4级一般制成压制茶。湖南黑毛茶及其加工成的品种如图2—108～图2—110所示。

图2—108 湖南天尖

图2—109 安化黑茶

图2—110 千两茶

②湖北老青茶。湖北老青茶的原料也较粗老，鲜叶采割标准一般按茎梗皮色划分，1级茶以青梗为主，基部稍带红梗；2级茶以红梗为主，顶部稍带青梗；3级茶为当年生红梗，不带麻梗。

③四川坐庄茶。四川黑茶分南路边茶和西路边茶。南路边茶是指“做庄茶”和“毛庄茶”这两种黑毛茶，“做庄茶”一般以采割当季或当年成熟新梢枝叶为原料。西路边茶是销往我国西北方向走古大道的茶，简称西路边茶。西路边茶较南路边茶更为粗老。用四川坐庄茶加工成的品种如图2—111和图2—112所示。

图2—111　四川砖茶

图2—112　藏茶

④广西六堡茶。广西六堡茶的原料稍高于以上几类黑毛茶，一般采摘一芽二、三叶或一芽三、四叶的新梢。1级茶以一芽二、三叶为主。广西六堡茶如图2—113所示。

图 2—113　广西六堡茶

⑤云南普洱茶。云南普洱茶的原料嫩度一般较好，高档普洱茶以一芽二叶为主，中、低档茶则以一芽二、三叶及一芽三、四叶为主。普洱散茶分为金芽、宫廷（见图 2—114）、特级、1 ~ 5 级 8 个级别。

图 2—114　宫廷普洱

2）压制黑茶。压制黑茶是指以湖南黑毛茶、湖北老青茶、四川的毛庄茶和坐庄茶、红茶的片末等副产品、六堡散茶、云南晒青毛茶、普洱茶等为原料，经整理加工后，汽蒸、压制成形。根据压制的形状不同，有砖形茶，如茯砖茶、花砖茶、黑砖茶、青砖茶、米砖茶、云南砖茶（紧压茶）等；枕形茶，如康砖茶和金尖茶；碗臼形茶，如沱茶；篓装茶，如六堡茶、方包茶等；圆形茶，如饼茶、七子饼茶等。如图 2—115 所示为将茶叶压制成大小不等的半瓜形的金瓜贡茶。

图 2—115　云南金瓜贡茶

压制黑茶总的品质要求是外形形状规格符合该茶类应有的规格要求，如成块或成个的茶，外形平整，个体压制紧实或紧结，不起层脱面，压制的花纹清晰，茯砖茶还要求发花茂盛。各压制茶的色泽具有该茶类应有的色泽特征，内质要求香味纯正，没有酸、馊、霉、异等不正常气味，也无粗、涩等气味。

2. 评定品级的方法和主要术语

（1）茶叶品质和等级的判定方法

茶叶等级的评定，一般应对照实物标准样或成交样，对茶叶的外形、内质等各因子分别评定，按一定的判定原则决定其等级或品质是高于、相当于还是低于标准样或成交样。

1）毛茶等级的判定。一般红、绿毛茶等级的判定是通过对照毛茶实物标准样，对外形、内质分别确定等级的。各级的实物标准样是该级的最低水平，低于它则应归入下一级别。例如，对照实物标准样评比，如果低于一级二等标准样而高于二级四等标准样，则将外形定在三等，然后再经开汤审评，在香气滋味正常情况下，对照二等和四等的实物标准样的叶底进行内质的定等，若品质介于两个标准样之间，则定为三等，若相当于二等标准样，则定为二等。

如果来样品质为次品茶，评定时先对照实物标准样对外形进行定等，再根据品质缺陷的程度进行降级处理，一般降 1 ~ 3 个等级。隔年陈茶，品质稍有陈气味，尚未霉变的，按外形等次降 1 ~ 2 个等级处理。如有霉味则应归入劣变茶，不得收购或销售。对于绿茶中的红梗红叶茶、红茶中的花青茶，以及其他烟、焦、酸、馊、异等次品茶，根据品质缺陷程度的轻重，也可对其等价进行 65%、75% 或 85% 的打折处理。

2）精制茶品质的判定。精制茶品质的判定一般按照加工标准样、贸易标准样或双方合同成交样，采用七档制方法，对茶叶外形、内质各因子逐项评比，同时结合各因子在总体品质中所占的比重大小，做出是否符合对照样的结论。七档制方法是指用高（+3 分）、较高（+2 分）、稍高（+1 分）、相当（0 分）、稍低（−1 分）、较低（−2 分）、低（−3 分）七个档次来评定与标准差距大小的判定方法。当累积分为 −3 分时，即一项因子低（−3 分），或一项因子较低、一项因子稍低（总分也为 −3 分），或三项因子稍低（−3 分）时，判定品质低于标准；当累积分为 −2 分时，品质为较低于标准；累积分为 −1 分时，品质为稍低于标准。反之，当累积分为 +3 分时，品质为高于标准；累积分为 +2 分时，品质为较高于标准，累积分为 +1 分时，品质为稍高于标准；当累积分为 0 分时，品质相当于标准。

（2）评茶术语的应用

评茶术语简称评语，是指在茶叶品质审评中描述茶叶品质特点和优缺点的专业性用语。如大宗绿茶中的长炒青茶，如果其外形细长紧卷有尖锋，则用“条细紧有锋苗”来概括它的特点。又如红茶初制中由于发酵不足，叶底产生“青斑”或“青块”，通常用“花青”的评语来指出品质缺点。评茶人员或茶艺师应能使用评茶术语记录茶叶的品质特点，同时经过不断学习及训练，要能根据评语即知道茶叶的品质情况。评语的使用也是茶叶感官审评的一项重要内容。

评语就其内容来说，只有两类，一类是表示品质优点的褒义词，如外形的细紧、细嫩、圆结、重实、匀齐，香气的鲜嫩、清香、清高、嫩甜，滋味的鲜爽、醇厚、鲜浓，汤色的嫩绿、红艳、清澈明亮，叶底的嫩匀明亮、红匀明亮等。另一类是表示品质缺点的贬义词，如外形的粗松、短碎、身骨轻飘、花杂、露黄、多茎梗，香气的低闷、粗气、陈气、异气，滋味的淡薄、苦涩、粗钝、陈味、异味，汤色的深暗、混浊，叶底的粗老、瘦薄、暗褐等。下面分别按外形与内质评比的各因子，列出大宗红茶、绿茶常用的品质评语，并对其含义进行注释。

1）形状

①条形茶。条形茶的形状评语见表 2—3。

表 2—3　　条形茶的形状评语

评语	形状
细紧	条索细长紧卷而完整，锋苗好。一般多为高档红、绿茶所具有的形状
紧结	卷紧而结实，有锋苗。多为高档大叶种红、绿茶或中档中小叶种红、绿茶所具有的形状
紧实	嫩度比紧结稍差，但松紧适中，身骨较重实，少锋苗
粗实	原料较老，尚能卷紧，但身骨稍感轻飘
粗松	原料粗老，叶质老硬，不易卷紧，身骨轻飘。多为下档茶的形状
挺直	光滑匀齐，不曲不弯
弯曲	不直，呈钩状或弓状，与钩曲同义
显毫	茸毛含量特别多，与茸毛显露同义
锋苗	芽叶细嫩，紧卷而有尖锋
身骨	茶身轻重

②圆形茶。圆形茶的形状评语见表 2—4。

表 2—4　　圆形茶的形状评语

评语	形状
细圆	颗粒细小而紧圆，嫩度好，身骨重实。为高档珠茶的形状
圆结	颗粒圆而紧结，身骨较重实
圆实	颗粒稍大，身骨尚重实
粗圆	颗粒稍粗大，尚成圆
粗扁	颗粒粗松带扁
团块	圆茶在初制中，叶子缠在一起，颗粒大如蚕豆或荔枝核，是圆茶的缺点

③碎形茶。碎形茶的形状评语见表 2—5。

表 2—5　　碎形茶的形状评语

评语	形状
叶状	红碎茶中四种花色之一，叶茶的形状，是较细紧短直的细条形茶，含毫尖或少量嫩茎
颗粒状	红碎茶中四种花色之一，碎茶的形状，是经揉切后形成的细碎颗粒形茶
片状	红碎茶中四种花色之一，片茶的形状，呈木耳片或皱褶片形，身骨比碎茶轻
末状	红碎茶中四种花色之一，末茶的形状，呈沙粒形，体形比碎茶小

2）整碎。茶叶整碎程度的评语见表2—6

表2—6　　茶叶整碎程度评语

评语	整碎
匀整	上中下三段茶的粗细、长短、大小较一致，比例适当，无脱档现象，与匀齐、匀称同义
脱档	上中下三段茶比例不当
短碎	面张条短，下段茶多，欠匀整
下脚重	下段中最小的筛号茶过多

3）色泽

①绿茶。绿茶的色泽评语见表2—7。

表2—7　　绿茶的色泽评语

评语	色泽
深绿	绿得较深，有光泽
墨绿	深绿泛乌，有光泽，与乌绿同义
绿润	色绿而鲜活，富有光泽
起霜	表面带银白色，有光泽
灰绿	绿中带灰
青绿	绿中带青
黄绿	以绿为主，绿中带黄
绿黄	以黄为主，黄中泛绿
露黄	面张含有少量黄朴、片及黄条
枯黄	色黄而枯燥

②红茶。红茶的色泽评语见表2—8。

表2—8　　红茶的色泽评语

评语	色泽
乌润	色乌黑而光润，有活力，为红茶中最好的色泽
乌黑	色黑而润，稍有活力
黑褐	色黑而褐，有光泽
栗褐	似熟栗壳色，褐中带深棕色
枯红	色红而枯燥

4）净度。茶叶净度的评语见表2—9。

5）香气

①大宗绿茶。大宗绿茶香气评语见表2—10。

②大宗红茶。大宗红茶香气评语见表2—11。

表 2—9　　茶叶净度的评语

评语	净度
匀净	老嫩整齐，不含梗朴及其他夹杂物
露黄头	黄头指圆形茶中嫩度较差、色泽露黄的圆头
花杂	以不同嫩度的老嫩茶和片、末、梗等混杂在一起
含梗	茶叶中含有一定数量的粗老茶梗
筋皮	嫩茎和梗揉碎的皮
毛衣	茶叶中的细筋毛，红碎茶中含量较多

表 2—10　　大宗绿茶香气评语

评语	香气
清高	清香高而持久
清香	清鲜爽快
板栗香	似熟栗子香
纯正	茶香不高不低，纯净正常。也适用于红茶香气
平正	茶香较低，但无异杂气。也适用于红茶香气
粗气	粗老叶的气息。也适用于红茶香气
青臭气	带有青草或青叶气息

表 2—11　　大宗红茶香气评语

评语	香气
鲜甜	鲜爽带甜感。也适用于滋味
焦糖香	烘干充足或火功高，使茶带有饴糖甜香
甜和	香气虽不高，但有甜感
果香	类似某种干鲜果香

6）汤色

①大宗绿茶。大宗绿茶汤色评语见表 2—12。

表 2—12　　大宗绿茶汤色评语

评语	汤色
黄绿	以绿为主，绿中稍带黄的汤色
绿黄	以黄为主，黄中稍带绿的汤色
明亮	茶汤清净透明
浅黄	物质欠丰富，汤色黄而浅
深黄	黄色较深
黄暗	色黄而暗，无光泽

②大宗红茶。大宗红茶汤色评语见表2—13。

表2—13　　大宗红茶汤色评语

评语	汤色
红艳	鲜艳明亮，金圈厚而艳，是茶汤中物质丰富、红茶品质好的表现
红亮	红而透明光亮
红明	红而透明，亮度次于红亮
深红	红较深
浅红	泛红色，深度不足

7）滋味。茶汤滋味评语见表2—14。

表2—14　　茶汤滋味评语

评语	滋味
回甘	回味较佳，略有甜感
浓厚	茶汤味厚，刺激性强
醇厚	茶味纯正浓厚，有刺激性
浓醇	浓爽适口，回味甘醇。刺激性比浓厚弱而比醇厚强
醇正	清爽正常，略带甜
醇和	醇而平和，带甜。刺激性比醇正弱而比平和强
平和	茶味正常，刺激性弱
淡薄	入口稍有茶味，以后就淡而无味
涩	茶汤入口后，有麻嘴厚舌的感觉
苦	入口即有苦味，后味更苦

8）叶底

①嫩匀度。叶底嫩匀度评语见表2—15。

表2—15　　叶底嫩匀度评语

评语	嫩匀度
细嫩	芽和细嫩叶含量多，叶质嫩软，用于制作高档绿茶
柔软	芽叶嫩度好，手按如绵，按后伏贴盘底，无弹性，不易松起
嫩匀	芽叶匀齐一致，嫩而柔软
肥厚	芽头肥壮，叶肉肥厚，叶脉不露
摊张	叶张摊开，叶质较硬
粗老	叶质粗大，叶质硬，叶脉隆起，手指按之，有弹性
匀	老嫩、大小、厚薄、整碎等均匀一致

②色泽。叶底色泽评语见表2—16。

表 2—16　　叶底色泽评语

评语	色泽
嫩绿	绿色带淡奶油色且鲜艳，即浅绿嫩黄。用于制作高档绿茶
黄绿	色绿中带黄，亮度尚好。用于制作中档绿茶
绿黄	色黄中带绿，以黄为主，品质低于黄绿
暗绿	色绿而暗，无光泽，多为绿茶陈茶的叶底色泽
红匀	红色深浅比较一致，是加工较好的红茶叶色
红亮	红匀而明亮，亮度好于红匀
深红	色深红略带暗
红暗	红上显黑，无光泽，是红茶品质差的表现
花青	青绿色叶张或青绿色斑块，红里夹青，是红茶品质有弊病的表现

三、常用茶具质量的识别与选择

常用茶具多为陶瓷制品，陶瓷是陶器与瓷器的总称。瓷器源于陶器，是陶器生产的发展。

1. 陶与瓷的主要区别

茶具多用陶或瓷制作而成，了解陶与瓷的不同性状有助于在选择茶具时，可以根据不同冲泡方法、不同茶叶、不同饮用方法等有针对性地进行挑选。陶与瓷的主要区别如下。

（1）作胎原料不同

陶器一般用黏土，少数也用瓷土。瓷器是用瓷石或瓷土作胎，因原料不同，其成分会有所差异。以宜兴紫砂陶为例，其矿物组成属含铁的黏土—石英—云母系，铁质以赤铁矿形式存在，主要物质是石英、莫来石和云母残骸，结晶细小均匀。烧制白陶的高岭土是一种以高岭石为主要成分的黏土，呈白色或灰白色，光泽暗淡，纯粹的高岭土含氧化硅 46.51%、氧化铝 39.54%、水 13.95%，熔化度为 1 780℃，因其可塑性差、熔点高，要掺入其他材料才能制作。瓷石由石英、长石、绢云母、高岭石等组成，完全风化后就是通常所见的瓷土。制作瓷器的瓷石属半风化，经扬碎、淘洗成为制胎原料，主要成分是氧化硅、氧化铝，并含有少量的氧化钙、氧化镁、氧化钾、氧化钠、氧化铁、氧化钛、氧化锰、五氧化二磷等，熔化度一般为 1 100 ～ 1 350℃，其含量高低与所含助熔物质的多少成反比。

（2）胎色不同

陶器制胎原料中含铁量较高，一般呈红色、褐色或灰色，且不透明。瓷器胎色为白色，具透明或半透明性。

（3）釉的种类不同

釉系陶瓷表面具有玻璃质感的光亮层，由瓷土（或陶土）和助熔剂组成。陶器一般表面不施或施以低温釉，其助熔剂为氧化铅。我国秦汉时就大量烧制这类铅釉陶，唐代的三彩、宋代的低温颜色釉、明代的五彩和清代的粉彩均属此类。瓷器表面施以的高温釉，主要有石灰釉和石灰—碱釉两种。石灰釉以氧化钙等为助熔剂，含量多在10%以上；石灰—碱釉中氧化物的总和常在4%以上。

（4）烧制温度不同

因制胎材料的关系，陶器的烧制温度一般为700～1 000℃，瓷器烧制温度一般在1 200℃以上。

（5）总气孔率不同

总气孔率是陶瓷致密度和烧结程度的标志，包括显气孔率和闭口气孔率。普通陶器总气孔率为12.5%～38%，精陶为12%～30%，细炻器（原始瓷）为4%～8%，硬质瓷为2%～6%。

（6）吸水率不同

吸水率是陶瓷烧结和瓷化程度的重要标志，指器体浸入水中充分吸水后，所吸收的水分质量与器体本身质量的比例。普通陶器吸水率都在8%以上，细炻器为0.5%～12%，瓷器为0～0.5%。

以上所述，均须综合考虑，才能正确区分陶器与瓷器，仅比较其中一两点，容易产生误解。例如，浙江上虞黑瓷，因作胎材料中含铁量为2%～3%，所以胎亦呈红、灰等色；南宋官窑所产瓷器显露胎色，并以“紫口铁足”为贵。北方瓷器因其胎中含氧化铝较高，大部分瓷器不能达到致密烧结，吸水率较高，有的可达5%以上，这些瓷器如仅仅对照上述的一两条来衡量，就不能称之为瓷器。因此在实际鉴别时，必须同时综合考虑原料、釉、高温三方面。

2. 不同花色品种的瓷器

陶瓷器的色泽与胎或釉中所含矿物质成分有密切关系，相同矿物质成分因其含量的高低，也可变化出不同的色泽。陶器通常用含氧化铁的黏土烧制，只因烧成温度和氧化程度不同，有黄、红棕、棕、灰色等，在黏土中添加其他矿物质成分，也可以烧制成其他色泽，但较少见。而瓷器历来花色品种丰富，变化多端，现简介如下。

（1）青瓷

青瓷是施青色高温釉的瓷器。青瓷釉中主要的呈色物质是氧化铁，含量为

2%左右。釉由于氧化铁含量的多少、釉层的厚薄和氧化铁还原程度的高低不同，会呈现出深浅不一、色调不同的颜色。若釉中的氧化铁较多地还原成氧化亚铁，那么釉色就偏青，反之则偏黄，这与烧成气氛有关。烧成气氛是指焙烧陶瓷器时的火焰性质，分氧化焰、还原焰和中性焰三种。氧化焰是指燃料充分，生成二氧化碳的火焰；还原焰是指燃料在缺氧过程中燃烧，产生大量一氧化碳、二氧化碳及碳化氢等的火焰；中性焰则介于氧化焰与还原焰两者之间。用氧化焰烧成的瓷器，釉色发黄，用还原焰烧成的则偏青。青瓷中常以“开片”来装饰器物，开片就是瓷的釉层因胎、釉膨胀系数不同而出现的裂纹。官窑传世之作表面为大小开片相结合，小片纹呈黄色，大片纹呈黑色，故有“金丝铁线”之称。南宋官窑最善于应用开片，且具有胎薄（呈灰、黑色）、釉层丰厚（呈粉青、火黄、青灰等色）的特点，器物口沿因釉下垂而微露胎色，器物底足由于垫饼垫烧而露胎，称为“紫口铁足”，以此为贵。越窑以产青瓷而驰名世界，其作品呈现一种特别的“雨过天晴”色，质地如冰似玉，后流传至国外，成为中国瓷器的代表作之一。青瓷茶具如图2—116所示。

图2—116 青瓷茶具

图 2—117 剪纸贴花

图 2—118 木叶贴花

图 2—119 兔毫

（2）黑瓷

黑瓷是施黑色高温釉的瓷器。釉料中氧化铁的含量在 5% 以上。商周时出现原始黑瓷，东汉时上虞窑烧制的黑瓷施釉厚薄均匀，釉色有黑、黑褐等数种，至宋代黑釉品种大量出现。其中建窑烧制的兔毫纹、油滴纹、曜变、鹧鸪斑等茶碗，就是因釉中含铁量较高，烧窑保温时间较长，又在还原焰中烧成，釉中析出大量氧化铁结晶，成品显示出流光溢彩的特殊花纹，每一件细细看去皆自成一派，是不可多得的珍贵茶器。在当时的江西吉州窑也生产黑釉茶盏，黑釉瓷纹样装饰大体有剪纸贴花、彩绘、洒釉、剔花、刻花、划花、木叶贴花和素天目等。其中剪纸贴花和木叶贴花装饰仅见于吉州窑，是独具风格的装饰，如图 2—117 和图 2—118 所示。而“兔毫”“油滴”“鹧鸪斑”等窑变色斑更是黑釉瓷中的名贵品种，如图 2—119 ~ 图 2—121 所示。

（3）白瓷

白瓷是施透明或乳浊高温釉的白色瓷器。在长期的实践当中，窑匠们

图 2—120 油滴

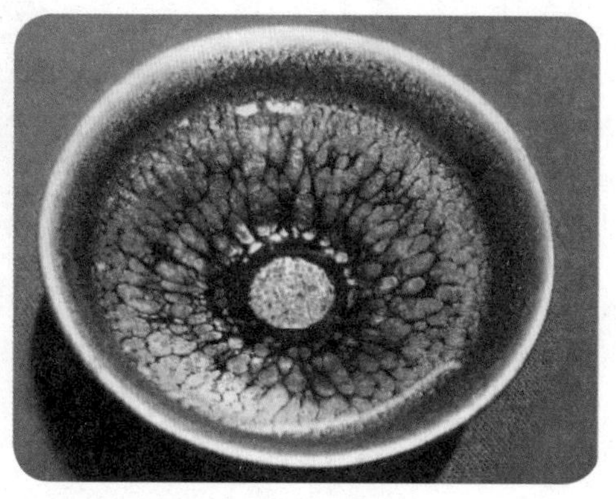

图 2—121 鹧鸪斑

进一步掌握了瓷器变色的规律，于是在烧制青瓷的基础上，降低釉中氧化铁的含量，用氧化焰烧成，釉色一般就会白中泛黄或泛绿色，还原焰烧成则釉色泛青，有“青白瓷”“影青”之称。唐代白瓷生产已十分发达，技艺卓越首推北方的邢窑，其所烧制的白瓷如银似雪，一时间与南方生产青瓷的越窑齐名，世称“南青北白”。白瓷茶具如图 2—122 所示。

图 2—122 白瓷茶具

（4）颜色釉瓷

颜色釉瓷是各种施单一颜色高温釉瓷器的统称。主要着色剂有氧化铁、氧化铜、氧化钴等。以氧化铁为着色剂的有青釉、黑釉、酱色釉、黄釉等；以氧化铜为着色剂的有海棠红釉、玫瑰紫釉、鲜红釉、石红釉、红釉、豇豆红釉等，均以还原焰烧成，若以氧化焰烧成，釉呈绿色；以氧化钴为着色剂的瓷器，烧制后为深浅不一的蓝色。此外，黄绿色含铁结晶釉色也属颜色釉瓷，俗称“茶叶末”。颜色釉瓷茶具如图 2—123 所示。

图 2—123 颜色釉瓷茶具

（5）彩瓷

彩瓷是釉下彩和釉上彩瓷器的总称。釉下彩瓷器是先在坯上用色料进行装饰，再施青色、黄色或无色透明釉，入高温烧制而成。釉上彩瓷器是在烧成的瓷器上用各种色料绘制图案，再经低温烘烤而成的。彩瓷茶具如图 2—124 ~图 2—126 所示。

图 2—124 彩瓷茶具

图 2—125 釉下五彩盖碗

图 2—126 釉上胭脂红山水对杯

（6）青花

青花是釉下彩品种之一，又称“白釉青花”，是在白色的生坯上用含氧化钴的色料绘成图案花纹，外施透明釉，经高温烧成。在烧制时，用氧化焰则青花色泽灰暗，用还原焰则青花色泽鲜艳。青花瓷茶具如图 2—127 和图 2—128 所示。

图 2—127 青花瓷茶具

图 2—128 釉下青花茶杯

（7）釉里红

釉里红是釉下彩品种之一，是在瓷器生坯上用含氧化铜的色料绘成图案花纹，然后施透明釉，用还原焰高温烧制而成。青花釉里红茶杯如图 2—129 所示。

（8）斗彩

斗彩是釉下青花与釉上彩结合的品种，又称“逗彩”，是先在瓷器生坯上用青花色料勾绘出花纹的轮廓，施透明釉，用高温烧成，再在轮廓内用红、黄、绿、紫等多种色彩填绘，经低温烘烤而成。除填彩外，还会采用点彩、加彩、染彩等数种方式进行装饰。

图 2—129 青花釉里红茶杯

（9）五彩

五彩是釉上彩品种之一，又称“硬彩”，是在已烧成的白瓷上用红、绿、黄、紫等各种彩色颜料绘成图案花纹，经低温烘烤而成。

（10）粉彩

粉彩是釉上彩品种之一，又称“软彩”，是在烧成的素瓷上用含氧化砷的“玻璃白”打底，再用各种彩色颜料渲染绘画，经低温烘烤而成。粉彩茶具如图 2—130 ~ 图 2—133 所示。

图 2—130 釉上粉彩茶具

图 2—131　釉上粉彩花神茶杯

图 2—132　黄地粉彩茶具

图 2—133　蓝地扒花开窗粉彩茶具

（11）珐琅彩

珐琅彩是釉上彩品种之一，又名“瓷胎画珐琅”，即在烧成的白瓷上用珐琅料作画。珐琅料中的主要成分为硼酸盐和硅酸盐，配入不同的金属氧化物，经低温烘烤后即呈各种颜色，多以黄、绿、红、蓝、紫等色彩做底，再彩绘各种花卉、鸟类、山水和竹石等图案，纹饰有凸起之感。珐琅彩茶具如图 2—134 和图 2—135 所示。

图 2—134　胭脂红珐琅彩描金茶具

图2—135　黑地珐琅彩描金茶具

3. 茶具的选择

根据不同茶叶的特点，选择不同质地的茶具，才能相得益彰。茶具质地主要指茶具密度。

（1）密度高的瓷器茶具，因气孔率低、吸水率小，可用于冲泡清淡风格的茶，如冲泡各种绿茶、花茶、红茶及白毫乌龙等，可用高密度瓷器或银器，泡茶时茶香不易被吸收，显得特别清洌。透明玻璃杯亦用于冲泡名绿茶，便于观形、色。

（2）低密度的陶器茶具，因其气孔率高、吸水量大，比较适合冲泡那些香气低沉的茶叶，如乌龙茶、普洱茶等。陶器茶具主要是紫砂壶，茶泡好后，持壶盖即可闻其香气，尤显醇厚。在冲泡乌龙茶时，同时使用闻香杯和品茗杯，闻香杯质地要求致密，当茶汤由闻香杯倒入品茗杯后，闻香杯中残余茶香不易被吸收，可以用手捂之，其杯底香味在手温作用下很快发散出来，即可达到闻香目的。

茶具质地还与施釉与否有关。原本质地较为疏松的陶器，若在其内壁施以白釉，就等于穿了一件保护衣，使气孔封闭，成为类似密度高的瓷器茶具，这时同样可用于冲泡清淡的茶。这种陶器的吸水率变小，气孔内不会残留茶汤和香气。没有施釉的陶器，气孔内会吸附茶汤与香气，长时间冲泡同一种茶还会形成茶垢，不能再用于冲泡其他茶类，以免串味，而应专用，这样才会使香气越来越浓郁。

四、器物配放与表演台布置

茶艺表演时在器物配放与表演台布置上要注意茶具与茶叶的配合、茶具的摆放和茶艺表演台的布置等问题。对于茶具与茶叶的配合，主要指茶具与茶汤色泽的搭配以及风格是否谐调。

1. 茶具与茶叶的配合

茶具的色泽是指制作材料的颜色和装饰图案花纹的颜色，通常可分为冷色调与暖色调两类。冷色调包括蓝、绿、青、白、灰、黑等色，暖色调包括黄、橙、红、棕等色。凡用数色装饰的茶具，可以按主色划分归类。茶器色泽的选择是指外观颜色的选择搭配，其原则是要与茶叶相配，饮具内壁以白色为好，能真实反映茶汤色泽与明亮度，并应注意主茶具中壶、盅、杯的色彩搭配，再辅以船、托、盖，使其浑然一体，天衣无缝。最后以主茶具的色泽为基准，配以辅助用品。各种茶类适宜选配的茶具色泽一般如下所述。

（1）绿茶类茶具

1）名优茶茶具。名优茶宜采用透明无花纹、无色彩、无盖玻璃杯或白瓷、青瓷、青花瓷无盖杯。

2）大宗茶茶具。单人用具，夏秋季可用无盖、有花纹或冷色调的玻璃杯；春冬季可用青瓷、青花瓷等各种冷色调的瓷盖杯。多人用具，宜用青瓷、青花瓷、白瓷等各种冷色调的壶杯具。

3）花茶茶具。花茶宜采用青瓷、青花瓷、斗彩、五彩等品种的盖碗、盖杯、壶杯具。

（2）黄茶类茶具

黄茶宜采用奶白、黄釉颜色瓷和以黄、橙为主色的五彩壶杯具、盖碗和盖杯。

（3）红茶类茶具

1）条红茶茶具。条红茶宜采用紫砂（杯内壁上白釉）、白瓷、白底红花瓷、各种红釉瓷的壶杯具、盖杯和盖碗。

2）红碎茶茶具。红碎茶宜采用紫砂（杯内壁上白釉）以及白、黄底色描橙、红和各种暖色瓷的咖啡壶具。

（4）白茶类茶具

白茶宜采用白瓷或黄泥炻器壶杯，或用反差极大且内壁有色的黑瓷，以衬托出白毫。

（5）乌龙茶类茶具

轻发酵及重发酵类茶，用白瓷及白底花瓷壶杯具或盖碗、盖杯。

半发酵及轻焙火类茶，用朱泥或灰褐系列炻器壶杯具。

半发酵及重焙火类茶，用紫砂壶杯具。

（6）普洱茶茶具

生普洱用白瓷盖碗及瓷壶杯具，熟普洱或陈年普洱用紫砂壶及陶壶杯具。

2. 茶具的摆放原则与摆放位置

（1）茶具配置的原则

1）实用。强调茶具的实用性，是由其内在的科学性决定的。例如，紫砂茶壶，壶口与壶嘴齐平、出水流畅自如、壶与盖接缝紧密等细节，是决定这把茶壶使用时是否得心应手的关键，至于造型沉稳典雅则在其次。

2）简单。简单代表一种从容的心态，即使是一只普通的玻璃杯，也能泡出好茶。

3）洁净。茶具要勤加擦拭，不论使用与否，也要经常保持茶具的洁净。

4）优美。茶具的造型要给人以美感。

（2）茶具的定位放置

茶桌可左右、前后分为三等份计九格。从左到右，从后到前，依序是第一格、第二格、第三格，第二排第四格、第五格、第六格，最前面是第三排第七格、第八格、第九格。第一格置煮水器，第二、五格置主泡器，第三格置辅器。煮水器有电壶、瓦斯炉、风炉等不同种类，若是过高置桌上颇不方便，应置于主泡者的左方略靠茶桌后边。主泡器包括茶壶、壶承、盖置、茶海、水盂。辅器包括茶仓、茶则、茶匙、茶巾、茶杯等。

3. 茶艺表演台的布置

（1）茶桌的要求

1）立礼式和坐礼式茶艺的茶桌高度是 68 ~ 70 cm，长度是 88 cm，宽度是 60 cm。

2）席地式茶艺的茶桌高度是 48 cm，长度是 88 cm，宽度是 60 cm。

（2）茶椅的要求

1）有靠背与无靠背视情况决定，但不需要有扶手。

2）茶椅的高度是 40 ~ 42 cm。

（3）茶垫巾的大小

茶垫巾长度是 60 cm，宽度是 48 cm，铺放在茶桌中间。

（4）符合人体工程学、美学及传统鲁班尺的要求

茶桌、茶椅的高低、大小及茶具的摆放定位，都需要有根据，并且要符合科学，具有美感。

（5）非促膝而饮的分坐式茶会

一般品茗以5人以内为佳。如果是人数较多的茶会品茗，采用分坐式，此时，要准备茶几供茶侣置放茶杯，茶几分置放茶侣左边或右边两种形式。

（6）器具的色彩、样式要与品茗环境搭配

品茗环境是对整体的营造，随着季节、时序、场所、茶叶的不同，以及茶侣的区别，会有不同的设计和营造，但不管在什么情况下，都应相互协调、搭配合理。

第2节　茶艺演示

一、茶艺演示与相关艺术品

自陆羽《茶经》系统地规范了采茶、制茶、煮茶和饮茶的程序与必要条件以来，饮茶已形成一套系统。为解渴而饮茶，只发挥了茶的最基本作用。为品茗而行茶会，不论是表演茶艺还是生活茶艺都有一套系统。阅画、赏花、焚香与品茗就是茶艺的系统。挂画、插花、焚香、点茶是一个整体，四者的共同出现才是茶艺的体现。“挂画”在陆羽《茶经》中已经是重要的事物了，挂画与茶较正式地相结合应在唐朝，至于焚香的历史起源更早，秦汉时期即已出现，而挂画、插花、焚香、品茗四艺整合一起出现，则是唐朝以后的事，宋代渐趋完备，明代是完成时期。

1. 茶艺表演的音乐

在我国古代士大夫修身的四课——琴、棋、书、画中，琴摆在第一位。“琴”代表着音乐，儒家认为修习音乐可培养自己的情操，提高自身的素养，使自己的生命过程更加快乐美好，所以音乐是每一个文化人的必修课。我国历史上的精英人物无不精通音律、深谙琴艺。例如，孔子、庄子、宋玉、司马相如、诸葛亮、王维、白居易、苏东坡等著名的政治家、思想家、文学家都是弹琴高手。荀子在《乐记》中说：“德者，性之端也；乐者，德之华也。”把“乐”上升到“德之华”的高度去认识，足见音乐在古代君子修身养性过程中的重要性。

在茶艺表演过程中重视用音乐来营造艺境，这是因为音乐特别是我国古典名曲重情味、重自娱、重生命的享受。目前，背景音乐在宾馆、餐厅、茶室里都早已普遍应用，但多是兴之所至，随意播放。而中国茶道要求在茶艺过程中播放的音乐应是为了促进人的自然精神的再发现、人文精神的再创造而精心挑选的乐曲。高雅的茶艺馆最宜选播以下三类音乐。

（1）我国古典名曲

我国古典名曲幽婉深邃，韵味悠长，有一种令人荡气回肠、销魂摄魄之美。但不同乐曲所反映的意境也不相同，茶艺馆应根据季节、天气、时辰、宾客身份以及茶事活动的主题，有针对性地选择播放。例如，反映月下美景的有《春江花月夜》《月儿高》《霓裳曲》《彩云追月》《平湖秋月》等，反映山水之音的有《流水》《汇流》《潇湘水云》《幽谷清风》等，反映思念之情的有《塞上曲》《阳关三叠》《情乡行》《远方的思念》等，拟禽鸟之声态的有《海青拿天鹅》《平沙落雁》《空山鸟语》《鹧鸪飞》等。只有熟悉古典意境，才能让背景音乐成为牵着品茶人回归自然、追寻自我的温柔的手，才能用音乐促进品茶人的心与茶对话、与自然对话。

（2）近代作曲家为品茶而谱写的音乐

这类音乐有《闲情听茶》《香飘水云间》《桂花龙井》《清香满山月》《乌龙八仙》《听壶》《一筐茶叶一筐歌》《奉茶》《幽兰》《竹乐奏》等。听这些乐曲可使茶人的心徜徉于茶的无垠世界中，让心灵随着茶香翱翔到茶馆之外更美、更雅、更温馨的茶的洞天府第中去。

（3）精心录制的大自然之声

山泉飞瀑、小溪流水、雨打芭蕉、风吹竹林、秋虫鸣唱、百鸟啁啾、松涛海浪等都是精心录制出来的极美的声音，我们称之为“天籁”，也称之为“大自然的箫声”。

上述三类音乐超出了一般通俗音乐的娱乐性，它们会把自然美渗透进茶人的灵魂，会引发品茶人心中潜藏的美的共鸣，为品茶创造一种如沐春风的美好意境。

2. 茶艺表演的服饰

服饰可反映出着装人的性格与审美趣味，并会影响茶艺表演的效果。茶艺表演中的服饰首先应与所要表演的茶艺内容相配套，其次才是式样、做工、质地和色泽。宫廷茶艺有宫廷茶艺的要求，民俗茶艺有民俗茶艺的格调。就一般的茶艺而言，表演者宜穿着具有民族特色的服装，而不宜“西化”。在正式的表演场合，表演者不可戴手表，不宜佩戴过多的装饰品，不可涂抹有香味的化妆品，不可浓妆艳抹，不可涂有色指甲油。如果有条件，女性表演者可戴一个玉手镯，这能平添不少风韵。

茶艺表演者的仪容、仪表也非常重要。头发长者应梳好束到后面，不要让头发垂下来。男士若着西装，领带要打好。若是有需要脱鞋子的场所，最好事先准备一双干净的袜子。每个细节都要考虑周到。

就茶艺表演而言，茶艺表演者的发型不可与所表演的内容相冲突。发型设计必须结合茶艺的内容、服装的款式，表演者的年龄、身材、脸型、头型、发质等因素，尽可能取得整体和谐美的效果。

3. 茶艺表演的插花

茶室插花被称为“茶室之花”或“茶会之花”。将花融入品茗环境中源起宋代，那时将焚香、挂画、插花、点茶合称为“生活四艺”。茶室插花一般采用自由型插花，花器可选择碗、盘、缸、筒、篮等。花器小而精巧、纯朴，以衬托品茗环境，借以表达主人心情，亦可寓意季节，突出茶会主题。

品茗赏花插的花称为“茶花”。茶花是比斋花和室花更加精简的一种文人赏花形式，以教人崇幽尚静、清心寡欲、体会天地之道为旨趣，重视的是品味，珍视的是由天地慧黠之气所凝成的形色之美，以寓意于物而不留意于物的道理，创造无可名之形而把握内在的精神。

茶花的艺术品质是“清”“远”，追求恬适简约、超凡脱俗的纯真之情。因此，为品茗赏花所插的“茶花”平凡、简单，它是以晶莹而完整的形色来触发美的意识，从而体验自由心灵所呈现的无束无缚的变化，联想所得的美的满足。

茶花的插作手法以单纯、简约和朴实为主，用平实的技法使花草安详、活跃于花器上，把握花、器一体，达到应情适意、诚挚感人的目的。要使其中一片见其背面，表阴叶之美，四片叶子不称四叶而称三叶半。花开为阳，合而阴，叶正面为阳，背面为阴，茶花插作兼有阴阳兼具、阴阳互生之美为最佳。

茶花插座应选配台座、衬板、花几、配件。花器无足者应配以台座；带足者，不需台座而应直接使用衬板（垫板），衬板、台座以自然、高雅者为佳。配好衬板后的茶花即可移入摆设位置，摆设位置在主人的右后方，约一臂长距离为宜。茶花属于静态观赏品，花木形色以精简雅洁为主，形体宜小，表现手法应细致，花枝利落不繁，一花一叶不为少，花取素白或半开而富精神者；枝叶以单数为好，令人有余味之感，遇双则令一叶见背，俗称“半叶”，以合单数为原则。摆设的位置较低，以坐赏为原则。由于作品小巧，所以能够聚精会神，沉静思绪，透过小中见大的奥妙，显现大自然的风采。

品茶赏花是茶艺的一部分，茶花的插作在于配合幽室、追求茶趣，因此必须配合整个品茗环境的设计。茶花作品如图 2—136 ~ 图 2—139 所示。

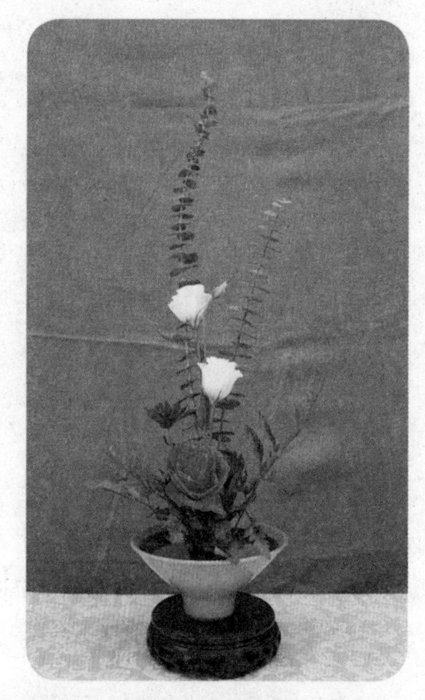

图 2—136 茶花作品 1

图 2—137 茶花作品 2

图 2—138 茶花作品 3

图 2—139 茶花作品 4

4. 茶艺表演的熏香

（1）香气散发的种类

中国人焚香的历史悠久，早在战国时期就已开始，到了汉代已有焚香专属的炉具。焚香需要香具，依散发香气的方式来说，可分为燃烧、熏炙、自然散发三种。燃烧的香品有以香草、沉香木做成的香丸、线香、盘香、环香、香粉，熏炙的香品有龙脑等树脂性的香品，自然散发的香品有香油、香花等。

（2）香品原料的种类

香品原料有很多，但主要分植物性、动物性、合成性三种。植物性香料，如茅香草、龙脑、沉香木、降真香等。动物性香料，如龙涎香、麝香等。合成性香料是通过化合反应生成的香料。这些香料制成的香品可依散发香气的方式不同而呈现各种形状，如香木槐、香丸、线香、香粉等。

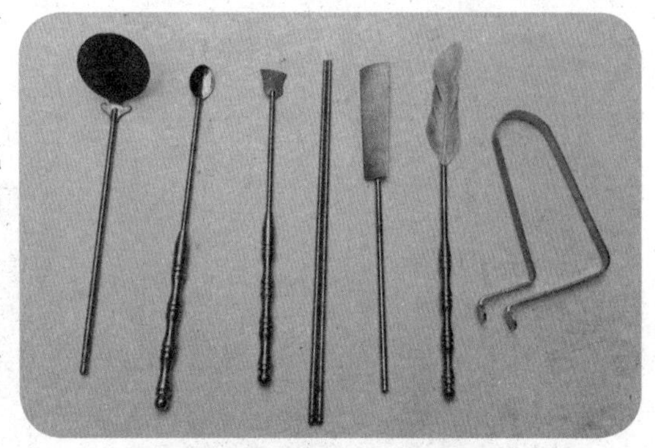

图 2—140 香具

（3）品茗焚香香品、香具的选择

焚香是以燃烧香品散发香气，在品茗焚香时所用的香品、香具是有选择性的。

图 2—141 香篆

1）配合茶叶选择香品。浓香的茶需要焚较重的香品，幽香的茶需焚较淡的香品。

2）配合时空选择香品。春天、冬天焚较重的香品，夏秋焚较淡的香品。大空间焚较重的香品，小空间焚较淡的香品。

3）选择香器焚香。最早的香器以焚烧香料的香炉为代表，并被称为熏炉。品茗焚香的香器以香炉为最佳选择。

4）选择焚香效果。焚香除了散发的香气，香烟也是非常重要的。不同的香品会产生不同的香烟，不同的香具也会产生不同的香烟，欣赏袅袅的香烟和香烟所带来的气氛也是一种幽思和美的享受。

各类茶艺熏香用具如图 2—140 ~ 图 2—146 所示。

图 2—142 香炉 1

图 2—143　香炉 2

图 2—144　香炉 3

图 2—145　香炉 4

图 2—146　香炉 5

（4）香品的形状

在各类香品的形状中，以线香和香粉的形状居多。线香可分为横式线香、直式线香、盘香、香环。直式线香又可分为带竹签的和不带竹签的，不带竹签的线香连成一排又称排香。凡是直式线香又称为柱香。香粉呈散状撒在炙热的炭上，可散发香气和香烟，也可将香粉印成一定的形状再点燃，叫作“香篆”。各类香品如图 2—147 ~图 2—152 所示。

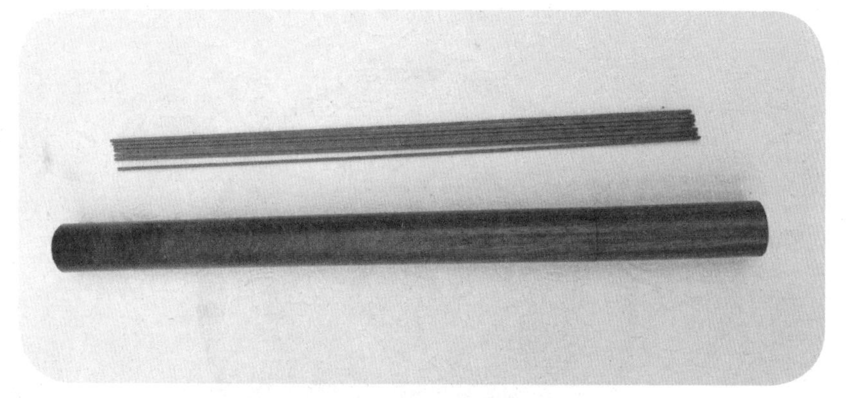

图 2—147　线香

图 2—148　盘香

图 2—149　沉香粉

图 2—150　玫瑰香粉

图 2—151　香篆

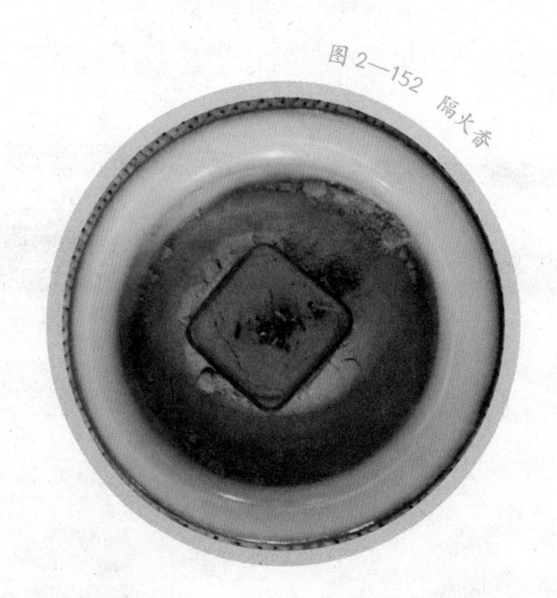

图 2—152 隔火香

（5）注意整体的谐调

在茶艺的整体表演中，要特别注意彼此的搭配调和，尤其是焚香。例如，花有真香非烟燎，香气燥烈会损花的生机，因此，花下不可焚香。焚香时，香案要高于花，插花和焚香要尽可能保持较远的距离。挂画、插花、焚香、点茶本是一体的呈现，所以对它们要考虑整体的调和。

5. 茶艺表演的茶挂

陆羽《茶经》在最后一篇说："以绢素或四幅、或六幅分布写之，陈诸座隅，则茶之源、之具、之造、之器、之煮、之饮、之事、之出、之略，目击而存，于是《茶经》之始终备焉。"品茗时，有挂图，那么对于茶的知识就更加清楚明白了。由此演变发展到宋代，茶画就不是单一的挂图了，也有挂画的，也有挂字的卷轴。一般茶挂以不挂花轴为原则。因为有了插花，若挂画，则以写意的水墨画为宜，如果是工笔或写实之画作，则求其赋色高古，笔墨脱俗，颜色不宜过分艳丽，以免粗俗或喧宾夺主，而裱装又以轴装为上，屏装次之，框装又次之。

明代以后的茶挂是以书法字轴为多，所挂的字轴含意往往需与季节、时间、所品的茶类和参加茶会的人，以及举办茶会的性质等相配合，而且茶挂以挂单副为时尚，悬挂位置以茶室正位为原则。

二、不同茶类的茶艺表演

1. 绿茶的茶艺表演（以龙井茶茶艺为例）

器皿选择：玻璃杯4只，白瓷壶1把，电随手泡1套，锡茶叶罐1个，茶道具1套，脱胎漆器茶盘1个，陶茶池1个，香炉1个，香1支，茶巾1条，特级狮峰龙井 12 g。

基本程序有 12 道。

第一道，点香——焚香除妄念

通过点香来营造祥和肃穆的气氛，并达到驱除妄念、心平气和的目的。点香如图 2—153 所示。

第二道，洗杯——冰心去凡尘

当着各位嘉宾的面，把本来就干净的玻璃杯再烫洗一遍，以示对嘉宾的尊敬。洗杯如图 2—154 所示。

图 2—153 点香

图 2—154 洗杯

图 2—155 凉汤

第三道，凉汤——玉壶养太和

狮峰龙井茶芽极细嫩，若直接用开水冲泡，会烫熟了茶芽而造成熟汤失味，所以要先把开水注入到瓷壶中养一会儿，待水温降到 80℃左右时再用来冲茶。凉汤如图 2—155 所示。

第四道，投茶——清宫迎佳人

用茶匙把茶叶投入到洁净透明的玻璃杯中。投茶如图2—156所示。

图2—156 投茶

第五道，润茶——甘露润莲心

向杯中注入约1/3容量的热水，起到润茶的作用。润茶如图2—157所示。

图2—157 润茶

第六道，冲水——凤凰三点头

冲泡龙井讲究高难度冲水。在冲水时使水壶有节奏地三起三落而水流不间断，这种冲水的技法称为凤凰三点头，意为凤凰再三向嘉宾们点头致意。冲水如图2—158所示。

图 2—158　冲水

第七道，泡茶——碧玉沉清江

冲水后，龙井茶吸收了水分，逐渐舒展开来并慢慢沉入杯底，称之为“碧玉沉清江”。泡茶如图 2—159 所示。

第八道，奉茶——观音捧玉瓶

茶艺师向宾客奉茶，意在祝福好人一生平安。奉茶如图 2—160 所示。

图 2—159　泡茶

图 2—160　奉茶

第九道，赏茶——春波展旗枪

杯中的热水如春波荡漾，在热水的浸泡下，龙井茶的茶芽慢慢舒展开来，

图 2—161　赏茶

尖尖的茶芽如枪，展开的叶片如旗。一芽一叶称为“旗枪”，一芽两叶称为“雀舌”，展开的茶芽簇立在杯底，在清碧澄静的水中或上下浮沉，或左右晃动，栩栩如生，宛如春兰初绽，又似有生命的精灵在舞蹈。赏茶如图 2—161 所示。

第十道，闻茶——慧心悟茶香

龙井茶四绝是“色绿、形美、香郁、味醇”，所以品饮龙井要一看、二闻、三品味。这一道就是闻茶香。闻茶如图 2—162 所示。

图 2—162　闻茶

第十一道，品茶——淡中回至味

品饮龙井极有讲究，清代茶人陆次之说：“龙井茶，真者甘香而不洌，啜之淡然，似乎无味，饮过之后，觉有一种太和之气，弥沦于齿颊之间，此无味之味，乃至味也。”此道程序要慢慢啜，细细品，让龙井茶的太和之气沁人肺腑。品茶如图 2—163 所示。

第十二道，谢茶——自斟乐无穷

茶艺师可请宾客自斟自酌，通过亲自动手，在茶事活动中感受修身养性、品味人生的无穷乐趣。谢茶如图 2—164 所示。

图 2—163 品茶

图 2—164 谢茶

2. 红茶的茶艺表演

（1）宁红太子茶茶艺

太子茶分为七道程序，分别是焚香净室、超尘脱俗、摆盏净杯、明珠入宫、玉泉催花、云腴献主、评点江山。

第一道，焚香净室

品茶之前要清除浊气，使空气变得清新，这样品茶，当然高雅无比。还有一层意思是，茶是神农所赐，有传说“神农尝百草，日遇七十二毒，得茶而解之”。因而，品茶时要特别恭敬。可以设三个香炉，排成“品”字形，意思是“福、禄、寿”三星高照。

第二道，超尘脱俗

这道程序通俗地说，就是洗尘静心，以求进入另一种精神境界，一种更适合品茶的心境。

第三道，摆盏净杯

茶具为一套古典式玉器，名叫“云腴玉壶”。“云腴”是指肥大的云。净杯要求将水均匀地从茶杯上洗过，而且要无处不到，这种洗法叫“流云拂月”。然后，摆成“孔雀开屏”的形状，排在最前头的是“孔雀头”，这就是太子的茶杯。

第四道，明珠入宫

“明珠”是指太子茶，“入宫”是指将茶叶放入杯中。这“明珠”可来之不易，相传它是农历谷雨前晴天的早晨，太阳尚未出山的时候，由尚未出嫁的村姑采摘而来的带露茶叶。只能采摘一芽一叶，称之为“一枪一旗”。“枪”指芽，“旗”指叶。泡茶时，解去“红纱”，取出“明珠”，称为“仙女卸妆”。放茶叶到杯中叫“孔雀点头”，用拇指和食指捏着茶叶，其余三个指头张开成孔雀形。

第五道，玉泉催花

“玉泉”是指水。这种水，要求“活泉”，就是奔流的泉水。煮水要求二沸，一沸“蟹眼”，二沸“鱼眼”，切忌三沸“龙眼”，这是黄庭坚煮茶时根据水泡大小而命名的。“催花”就是泡上开水。开水要从杯的旁边均匀地慢慢地围绕“明珠”而筛。然后，对准“明珠”将水冲下去，这就是所谓的“游龙戏珠”。最后加盖。

第六道，云腴献主

茶艺师轻轻地揭开茶杯盖子。奇迹发生了，“明珠”居然变成了一朵盛开的花。这时，细观茶水，呈金红色，称之为“金汤”。用嘴轻轻地一吹，茶水立即掀起一层微波，金鳞片片，璀璨夺目。

第七道，评点江山

评点江山即品茶，“评点”是品，“江山”分别是指水和茶质。

（2）宁红工夫茶茶艺

1）宁红工夫茶茶艺选择的用具

紫砂壶1把、玻璃公道杯1个、白瓷品茗杯4个、杯托4个、赏茶荷1个、水盂1个、茶叶罐1个、壶承1个、托盘1个、茶匙1个、茶巾1条、水壶1把。

图2—165　翻起茶杯

2）基本程序

第一道，行礼

茶艺师随着优美的古典音乐节奏缓步行至泡茶台前，并向宾客行鞠躬礼。

第二道，备器

茶艺师将倒扣的茶杯依次翻起，并展示茶具。备器如图2—165和图2—166所示。

图2—166　展示茶具

第三道，温具

将热水壶中的水注入紫砂壶、公道杯以及品茗杯中，可提高壶温并起到洁具的作用。温具如图 2—167 ~ 图 2—169 所示。

图 2—167 温壶

图 2—168 温公道杯

图 2—169 温品茗杯

第四道，备茶

茶艺师将茶叶罐中的茶叶用茶匙轻轻拨入茶荷中。备茶如图 2—170 所示。

图 2—170 备茶

第五道，赏茶

鉴赏茶叶的外形、色泽并闻取茶香。宁红工夫茶素以条索紧结秀丽、金毫显露、锋苗挺拔、色泽乌润、香味持久、叶底红亮、滋味浓醇的特色而驰名中外。赏茶如图 2—171 和图 2—172 所示。

图 2—171　观茶叶外形

图 2—172　闻茶叶香气

第六道，投茶

用茶匙将茶荷中的红茶轻轻拨入壶中。投茶雅称“太子入宫”，这是因为宁红工夫茶在清代时曾经生产专供朝廷贡品——太子茶，这种说法也就流传了下来。投茶如图 2—173 所示。

第七道，洗茶

将开水壶中的开水注入紫砂壶中，浸泡数秒后再将茶汤倒入水盂中。洗茶如图 2—174 所示。

图 2—173　投茶

图 2—174　洗茶

第八道，冲泡

冲泡红茶的水温要在90℃左右，采用悬壶高冲手法，使茶叶随着水流旋转而充分舒展，以利于茶叶色、香、味的充分发挥。冲泡如图2—175所示。

图2—175 冲泡

第九道，洗杯

将品茗杯中温杯之水逐一倒入水盂中。洗杯如图2—176所示。

图2—176 洗杯

第十道，出汤

将紫砂壶中的茶汤用低斟的方法倒入公道杯中，以免茶香散失。出汤如图2—177所示。

第十一道，分茶

手执茶盅，将茶汤依次分入品茗杯中。斟茶时茶盅尽量贴近品茗杯杯口，避免茶香散失。分茶如图 2—178 所示。

图 2—177　出汤

图 2—178　分茶

第十二道，奉茶

双手将茶汤奉给宾客，表示对客人的尊重。奉茶如图 2—179 所示。

图 2—179　奉茶

然后缓缓品饮。宁红工夫茶香气甜润中蕴藏着多种花香。明艳的红色，在茶杯杯沿上映下一环炫目的金圈，不刻意却又张扬的外观，是如此灿烂。闻香和品尝如图 2—180 和图 2—181 所示。

图 2—180　闻香

图 2—181　品尝

3. 乌龙茶的茶艺表演（以安溪工夫茶茶艺为例）

（1）安溪工夫茶茶艺选择茶具

安溪工夫茶茶艺选择茶具要因地制宜，遵循民间习俗。通常采用陶质炭炉、水壶、瓷质圆层盘（托盘）、盖碗（三才杯）、小瓷杯（白玉杯）、茶罐、竹制茶道具和茶巾。

炉、壶、瓯杯以及托盘，号称“茶房四宝”，主要是遵循当地传统加工而成。安溪茶乡有历史悠久的古窑址，在五代十国就有陶器工艺，宋朝中期就有瓷器工艺。“茶房四宝”不仅是泡茶用具，而且有较高的收藏、欣赏价值。另外，用白瓷盖瓯泡茶，对于放茶叶、闻香气、冲开水、倒茶渣等都很方便。茶房四宝如图 2—182 所示。

图 2—182　茶房四宝

（2）安溪工夫茶茶艺基本程序

第一道，神入茶境

茶艺师在沏茶前应先以清水净手，端正仪容，以平静、愉悦的心情进入茶境，备好茶具，聆听中国传统音乐（如南音名曲），以古琴、箫来使自己心灵安静。神入茶境如图 2—183 所示。

第二道，展示茶具

茶匙、茶斗、茶夹、茶通是由竹器工艺制成的。安溪盛产竹子，这是民间传统惯用的茶具。茶匙、茶斗是装茶用的，茶夹是夹杯、洗杯用的。展示茶具如图 2—184 所示。

图 2—183　神入茶境

图 2—184　展示茶具

图 2—185　烹煮泉水

第三道，烹煮泉水

沏茶择水最为关键，水质不好，会直接影响茶的色、香、味，只有水好，茶味才美。冲泡安溪铁观音，烹煮的水温需达到 100 ℃，这样最能体现铁观音独特的音韵。烹煮泉水如图 2—185 所示。

第四道，沐霖瓯杯

沐霖瓯杯也称“热壶烫杯”。先洗盖瓯，再洗茶杯，这样不但能使瓯杯有保持一定的温度，而且还讲究卫生，起到消毒作用。沐霖瓯杯如图 2—186 所示。

图 2—186　沐霖瓯杯

第五道，观音入宫

右手执茶叶罐，左手执茶匙把名茶铁观音装入瓯杯，美其名曰“观音入宫”，如图 2—187 所示。

图 2—187　观音入宫

第六道，悬壶高冲

提起水壶，对准瓯杯，先低后高冲入，使茶叶随着水流旋转而充分舒展。悬壶高冲如图 2—188 所示。

第七道，春风拂面

左手提起瓯盖，轻轻地在瓯面上绕一圈把浮在瓯面上的泡沫刮起，然后右手提起水壶把瓯盖冲净，称为“春风拂面”，如图 2—189 所示。

图 2—188 悬壶高冲

图 2—189 春风拂面

第八道，瓯面酝香

乌龙茶采用半发酵制作，铁观音是乌龙茶中的极品，其生长环境得天独厚，采制技艺十分精湛，素有“绿叶红镶边，七泡有余香”之美称，具有防癌、美容、抗衰老、降血脂等特殊功效。茶叶下瓯冲泡，须等待 1 ~ 2 min，这样才能充分释放出独特的香和韵。冲泡时间太短，色香味显示不出来，太久会有“熟汤味”。瓯面酝香如图 2—190 所示。

图 2—190 瓯面酝香

第九道，三龙护鼎

斟茶时，用右手的拇指、中指夹住瓯杯的边沿，食指按在瓯盖的顶端，提起盖瓯，把茶水倒出。三根手指称为三条龙，盖瓯称为鼎，故称“三龙护鼎”，如图 2—191 所示。

第十道，行云流水

提起盖瓯，沿托盘上边绕一圈，把瓯底的水刮掉，这样可防止瓯外的水滴入杯中。行云流水如图 2—192 所示。

图 2—191 三龙护鼎

图 2—192 行云流水

第十一道，观音出海

民间称此道程序为“关公巡城”，就是把茶水依次巡回均匀地斟入各茶杯，斟茶时应低行。观音出海如图 2—193 所示。

第十二道，点水流香

民间称此道程序为“韩信点兵”，就是斟茶到最后瓯底最浓部分，要均匀地一点一点滴注到各茶杯里，达到浓淡均匀、香醇一致。点水流香如图 2—194 所示。

图 2—193 观音出海

图 2—194 点水流香

第十三道，敬奉香茗

茶艺师双手端起茶盘彬彬有礼地向各位嘉宾、朋友敬奉香茗。敬奉香茗如图2—195所示。

第十四道，鉴赏汤色

品饮铁观音，首先要观其色，就是观赏茶汤的颜色。名优铁观音汤色清澈、金黄、明亮，让人赏心悦目。鉴赏汤色如图2—196所示。

图2—195　敬奉香茗

图2—196　鉴赏汤色

第十五道，细闻幽香

此道为闻香，铁观音有天然馥郁的兰香、桂花香，清香四溢，让人心旷神怡。细闻幽香如图2—197所示。

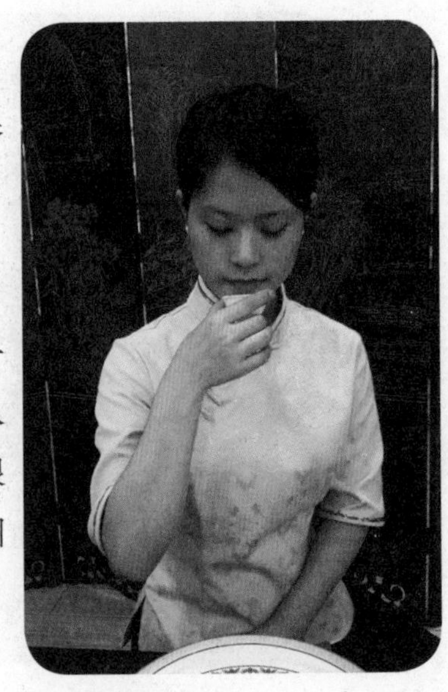

图2—197　细闻幽香

第十六道，品啜甘霖

此道为品其味，品啜铁观音的韵味，有一种特殊的感受。呷上一口含在嘴里，慢慢送入喉中，顿时会觉得满口生津，齿颊留香，六根开窍清风生，飘飘欲仙最怡人。品啜甘霖如图2—198所示。

图 2—198　品啜甘霖

4. 花茶的茶艺表演（以茉莉花茶茶艺为例）

（1）茉莉花茶茶艺选择的用具

三才杯（即小盖碗）若干只，白瓷茶壶1把，木制托盘1个，开水壶2把（或电随手泡1套），青花茶荷1个，茶道具1套，茶巾1条，花茶每人2～3g。

（2）茉莉花茶茶艺的基本程序

第一道，烫杯——春江水暖鸭先知

用开水烫洗茶壶、茶杯，使茶具更卫生，同时提高茶具温度。烫杯如图2—199所示。

图 2—199　烫杯

第二道，赏茶——香花绿叶相扶持

赏茶也称为“目品”。“目品”是花茶三品（目品、鼻品、口品）中的头一品，目的即鉴赏花茶茶坯的质量，主要是观察茶坯的品种、工艺、细嫩程度及保管质量。茉莉花茶茶坯多为优质绿茶，色绿质嫩，在茶中还混合有少量的茉莉花干，花干的色泽应白净明亮，称为“锦上添花”。在用肉眼观察茶坯之后，还要干闻花茶的香气。赏茶、干闻花香如图2—200和图2—201所示。

图2—200 赏茶

图2—201 干闻花香

第三道，投茶——落英缤纷玉杯里

当用茶匙把花茶从茶荷中拨进洁白如玉的茶杯时，花干和茶叶飘然而下，恰似“落英缤纷”。投茶如图2—202所示。

图2—202 投茶

第四道，冲水——春潮带雨晚来急

冲泡花茶也讲究“高冲水”。冲泡特级茉莉花茶时，要用90℃左右的开水。热水从茶壶直泻而下，注入杯中，杯中的花茶随水浪上下翻滚，恰似“春潮带雨晚来急”。冲水如图2—203所示。

图2—203 冲水

图2—204 闷茶

第五道，闷茶——三才化育甘露美

冲泡花茶一般要用“三才杯”，茶杯的盖代表“天”，杯托代表“地”，中间的茶杯代表“人”。茶人们认为茶是“天涵之，地载之，人育之”的灵物。闷茶的过程象征着天、地、人三才合一，共同化育出茶的精华。闷茶如图2—204所示。

第六道，敬茶——一盏香茗奉知己

敬茶时应双手捧杯，举杯齐眉，注目嘉宾并行点头礼，然后从右到左，依次一杯一杯地把沏好的茶敬奉给客人，最后一杯留给自己。敬茶如图2—205所示。

第七道，闻香——杯里清香浮清趣

闻香也称为“鼻品”，这是花茶三品的第二品，品花茶讲究“未尝甘露味，先闻圣妙香”。闻香时，“三才杯”的天、地、人不可分离，应用左手端起杯托，右手轻轻地将杯盖掀起一条缝，从缝隙中去闻香。闻香时主要看三项指标：

一闻香气的鲜灵度，二闻香气的浓郁度，三闻香气的纯度。细心地闻优质花茶的茶香，是一种精神享受。闻香如图 2—206 所示。

图 2—205 敬茶

图 2—206 闻香

第八道，品茶——舌端甘苦人心底

品茶是指花茶三品的最后一品——口品。在品茶时依然是三才杯天、地、人不分离，用左手托杯，右手将杯盖的前沿下压，后沿翘起，然后从开缝中饮茶。品茶时应小口喝入茶汤，使茶汤在口腔中稍事停留，轻轻用口吸气，使茶汤在舌面流动，与味蕾充分地接触，以便更精细地品悟出茶韵。然后闭紧嘴巴，用鼻腔呼气，使茶香直贯脑门，只有这样，才能充分领略花茶所独有的“味轻醍醐，香薄兰芷”的花香与茶韵。品茶如图 2—207 所示。

图 2—207 品茶

第九道，回味——茶味人生细品悟

茶人们认为，一杯茶可以和百味，有的人“啜苦可励志”，有的人“咽甘思报国”。无论茶是苦涩、甘鲜，还是平和、醇厚，从一杯茶中茶人们就会有良多的感悟和联想，所以品茶重在回味。回味如图 2—208 所示。

第十道，谢茶——饮罢两腋清风起

唐代诗人卢仝在他的传颂千古的《走笔谢孟柬议寄新茶》一诗中写出了品

茶的绝妙感受。他写道："一碗喉吻润，二碗破孤闷。三碗搜枯肠，唯有文字五千卷。四碗发轻汗，平生不平事，尽向毛孔散。五碗肌骨轻，六碗通仙灵，七碗吃不得也，唯觉两腋习习清风生。"茶是祛襟涤滞，致清导和，使人神清气爽、延年益寿的灵物，只有细细品味，才能感受到那"两腋习习清风生"的绝妙之处。谢茶如图 2—209 所示。

图 2—208　回味

图 2—209　谢茶

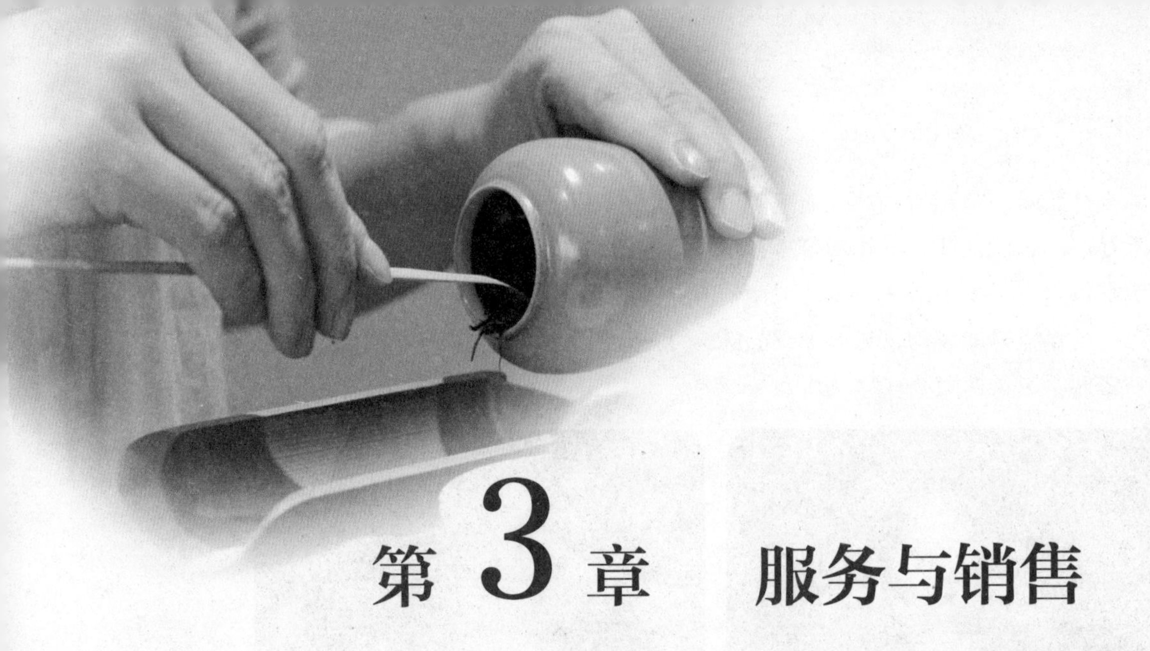

第 3 章　服务与销售

第 1 节　茶事服务

一、清饮法及其特点

清饮法也称瀹（yuè）饮法，即以沸水直接冲泡叶茶的方法。早在元代就已经出现了用沸水冲泡末茶的“建汤”。明人陈师在《茶考》一书中也提到明朝南方地区以沸水冲泡末茶的饮法，“杭俗烹茶，用细茗置茶瓯，以沸水汤点之，名为撮泡”，这种方法“北客多哂之，予亦不满”“况杂以他果”。显然并未普及，但却开沸水冲泡之先河，为以后形成饮茶史上的巨大变革之“瀹饮法”奠定了基础。瀹饮法“洗茶候汤择器，皆各有法”。只要懂得茶中趣理，具体程序不像前人煎茶、点茶那样严格，给人留下自我发挥的空间，因而“简便异常，大趣悉备，可谓尽茶之真味矣”。明代沈德符在《野获编补遗》中高度评价了瀹饮法，他写道：“茶加香物，捣为细饼，已失真味。宋时又有宫中绣茶之制，尤为水厄中第一厄。今人唯取初萌之精者，汲泉置鼎，一瀹便啜，遂开千古茗饮之宗。乃不知我太祖实首辟此法，真所谓圣人先得我心也。陆鸿渐有灵，必俯首服；蔡君谟在地下，亦咋舌退矣。”

二、调饮法及其特点

调饮法有着不同于清饮法的品茗要求、方式方法、规则程序，但同样也是别具一格的品茗艺术。调饮法即混饮法，在茶汤中添加其他物品，如盐、糖、奶、葱、橘皮、薄荷、桂圆、红枣等。调饮添加之物，全凭各人的口味爱好，没有特别的规定，现代人甚至在茶中加酒、水果汁或冰块冷饮，这种想加什么就加什么的饮茶方法自明朝开始逐渐销声匿迹。人们普遍使用清饮法饮茶，清饮法的普及给人造成一种错觉，调饮法似乎已经退出历史舞台，完全从人们的生活当中消失了，其实不然，调饮法仍然存在，而且在国外，调饮法一直处于主导地位，是人们日常饮茶的主要方法。即使在国内，近几年来调饮法渐渐流行起来，加上与新产品、新技术的结合，调饮的形式也日趋多样化。新型的调饮方式尤其受年轻人的喜爱。

调饮法自明朝开始分解之前，一直是中国人饮茶的主要方式，早在茶成为品饮之前，古人以茶为药和羹的时候，人们就将茶叶与其他食物相佐而食，张辑《广雅》说："荆巴间采叶作饼，叶老者，饼成米膏出之。欲煮茗饮，先炙令赤色，捣末置瓷器中，以汤浇覆之，用葱、姜、橘子芼之。""芼"《礼记》注为"菜酿"，即"菜羹"。古人将葱、姜、橘子与茶共煮成羹的习惯到茶成为饮料时还保留着，也许是因为人们在羹饮的过程中发现以这些食物为作料能有效抑制茶叶的苦味和涩味。

一般来说，茶叶作料按其食用方式可以归纳为食物型和加香型两种。前者是可以和茶共食的食物，如盐、姜、葱、芝麻、花生等；后者仅以气味入茶，在其雏形时，原体往往和茶相混，随着工艺日臻完善，近几十年来其原体很少有入茶的，如茉莉花、栀子花、桂花、麝香等。食物型又可按其食用时是否直接入茶分为加入型和旁置型，按其气味分为辛辣型和清雅型等。

以上是对食物型加料的介绍，接下来谈谈加香型饮茶。

罗禀在《茶解》中说："茶性淫。"这是指茶叶（干茶）具有很强地吸附异味，而又不会轻易释放掉的特性。加香型茶叶作料，正是利用茶叶的这一特性而开辟出来的饮茶新天地，如今天的花茶。

古人在茶叶中加入其他配料，其目的是要增加茶的香味，另一方面是借助茶来治疗疾病，从中寻求更简便、实用的保健方法，辅其延年益寿之良方。在我国古书中，有关茶疗的论著浩如烟海，五花八门。大辞赋家司马相如的《凡将篇》是一本教人识字的教育字书，他把意义同属一大类的字排在一起。当时，他把茶（书中叫"诧"）和贝母、桔梗、茱萸、芍药、莞椒放在一起，把这些都归为中草药。李时珍在《本草纲目》中列出多种以茶和其他中草药配合而成的药方。如茶和茱萸、葱、姜一块煎服可以帮助消化、理气顺食；茶和醋一块煎服，可以治中暑和痢疾；茶和芎（即川芎）、葱一块煎服可治头痛。明末清初，民族英雄郑成功为收复台湾，屯兵福建闽南，由于闽地气候炎热，山地终年雾瘴，瘟疫不断，南下将士一时适应不了该地区水土气候环境，众多士兵得了疟

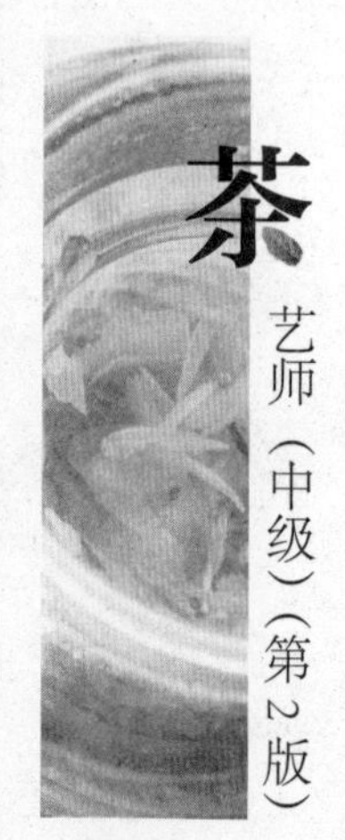

疾，发冷发热不止，军中有一位闽籍军医，即命全军将士用本地产的茶叶和姜、蔗糖调配，用水煎熬，充当茶水给士兵饮用，很快治愈了疟疾。从药理上说，茶助阴、姜助阳，蔗糖能解毒，并能消暑散瘀，且一寒一热，调平阴阳，不问赤白冷热，用之皆宜，谓之“姜茶饮方”。此配方至今一直被闽、粤、台地区人民所沿用。从以上所举可以清楚地看到古人对加料茶伴饮的目的，这也是加料茶流行不衰的原因之一。

三、中国主要名茶

名茶是指具有一定知名度的好茶，通常具有独特的外形，优异的色、香、味品质。名山、名寺出名茶，各种名树生名茶，名师、名家评名茶。很多名茶就是在这样的条件下逐渐产生和发展起来的。长久不衰的名茶，既要有独特的品质风格，又要有广大消费者的公认。我国历代名茶多达数百种，但得以延续和发展而保留一定生产数量和市场的品种，至今不过40余种。而有些名茶不过是在某一历史阶段知名而已。目前国内消费者公认的知名度较高的名茶是在经历了唐宋元明清五个朝代和近千年的发展、不断完善后保留下来的。它们是绿茶类的西湖龙井、洞庭碧螺春、信阳毛尖、皖南屯绿、太平猴魁、黄山毛峰，红茶类的滇红、祁门红茶，青茶（乌龙茶）类的安溪铁观音，黄茶类的君山银针，黑茶类的云南普洱茶等。其他名茶还有：绿茶类庐山云雾、六安瓜片和闽北乌龙茶、武夷岩茶，白茶类的政和白毫银针、白牡丹等。这些名茶的特点，一是造型有独特风格；二是深受消费者青睐与赞赏；三是采制加工技术精，多为手工制作；四是茶树生长有优越的自然条件，产区有一定范围；五是采摘有一定时间，例如，云南一般在2月份，福建在2月底，浙江在3月20日前后。20世纪80年代以后，我国各地陆续开发研制了不少新的名优茶，如绿茶类的无锡毫茶、高桥银峰、南京雨花茶、井岗翠绿、婺源仙枝等，白茶类的福鼎白毫银针，黑茶类的云南沱茶等。

1. 西湖龙井

西湖龙井是我国第一名茶，素享“色绿、香郁、味醇、形美”四绝之美誉。它集中产于杭州西湖山区的狮峰山、梅家坞、翁家山、云栖、虎跑、灵隐等地。那里森林茂密，翠竹婆娑，气候温和，雨量充沛，沙质土壤深厚，一片片茶园

图3—1 西湖龙井

就处在云雾缭绕、浓荫笼罩之中。西湖龙井如图3—1所示。

西湖龙井分“狮、梅、龙”三类，每类依品质高低有特级、上级、1 ~ 6级。3级以上外形应有锋苗，无阔条。1级以上外形应挺直尖削、叶底细嫩、多芽或显芽。特级西湖龙井外形应扁平光滑，叶底幼嫩成朵。“狮峰龙井”香气高锐而持久，滋味鲜醇，色泽略黄，俗称“糙米色”。据传乾隆皇帝下江南时，曾到龙井狮峰山下胡公庙品饮龙井茶，饮后赞不绝口，兴之所至，将庙前18棵茶树封为“御茶”。如今，这些“御茶”树仍生机盎然，茂密挺拔，供游人观赏。1985年，“狮特龙井茶”获国家优质产品金质奖。“梅坞龙井”外形挺秀，扁平光滑，色泽翠绿。1986年5月，“西湖龙井”被商业部评为全国名茶。

西湖龙井的采制技术相当考究，有三大特点：一是早，二是嫩，三是勤。清明前采制的龙井茶品质最佳，称明前茶。谷雨前采制的品质尚好，称雨前茶。采摘十分强调细嫩和完整，必须是一芽一叶，芽叶全长约1.5 cm。通常制造1 kg特级西湖龙井茶，需要采摘7万 ~ 8万个细嫩芽叶，经过挑选后，放入温度在80 ~ 100 ℃光滑的特制锅中翻炒，通过“抓、抖、搭、捺、甩、堆、扣、压、磨”炒制出色泽翠绿、外形扁平光滑、形如“碗钉”、汤色碧绿、滋味甘醇鲜爽的高品质西湖龙井茶。

品尝高级龙井茶时，多用无色透明的玻璃杯，用85 ℃左右的开水进行冲泡，1 min揭开茶杯盖，以免产生焖熟味。冲泡后叶芽形如一旗一枪，簇立杯中，交错相映，芽叶直立，上下沉浮，栩栩如生，宛如青兰初绽，翠竹色艳。品饮欣赏，齿颊留芳，沁人肺腑，非下功夫不能领略其香。

2. 洞庭碧螺春

碧螺春是绿茶中的佼佼者。有古诗赞曰：“洞庭碧螺春，茶香百里醉。”

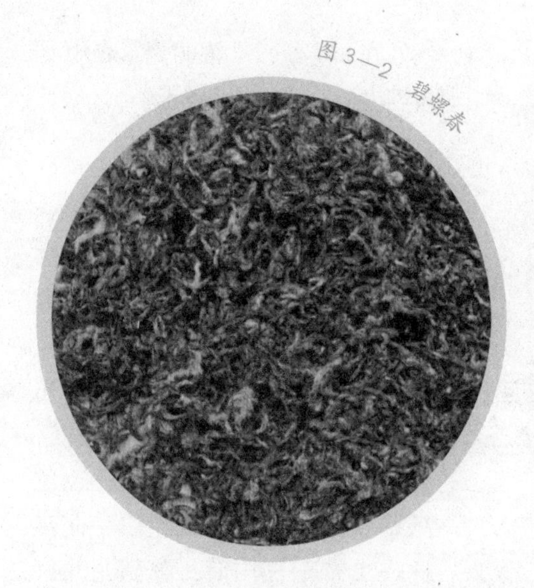

图3—2　碧螺春

它主要产于苏州西南的太湖之滨，以江苏吴县洞庭东、西山所产为最，已有300余年历史。它以条索纤细、卷曲成螺、茸毛披露、白毫隐翠、清香幽雅、浓郁甘醇、鲜爽甜润、回味绵长的独特风格而誉满中外。据《太湖备考》记载，1 300年前，洞庭碧螺峰石壁间，有茶树数株，当地人常饮用此叶。有一天采茶姑娘把茶叶兜入怀中带回，茶叶沾了热气，透出阵阵浓香，人们闻到了便惊呼“吓煞人香”，于是“吓煞人香”便成了这茶的名字。清康熙帝南巡时经过太湖，巡抚宋荦以此茶进献，康熙以其名不雅，遂更名为“碧螺春”。从此，“碧螺春”被列为朝廷贡品。碧螺春如图3—2所示。

碧螺春之所以有如此雅名，与它的产地和采制工艺分不开。苏州太湖洞庭山分东、西两山，洞庭东山宛如一只巨舟伸进太湖的半岛，洞庭西山是一个屹立于湖中的岛屿，两山风景优美，气候温和湿润，土壤肥沃。茶树又间种在枇杷、杨梅、柑橘等果树之中，所以茶叶既具有茶的特色，又具有花果的天然香味。碧螺春的采制工艺要求极高，采摘时间从清明开始，到谷雨结束。所采之芽叶须是一芽一叶初展，芽长1. 6 ~ 2. 0 cm。制1 kg干茶，要这样的芽叶12万多个。采摘的芽叶经过一番精细的拣选，达到长短一致、大小均匀，除去杂质，然后投入烧至150 ℃的锅中，凭两手不停地翻抖上抛（杀青），直至锅中噼啪有声；接着降温热揉，使其条索紧密，卷曲成形，并搓团显毫，使其干燥，制成条索纤细、卷曲成螺的茶叶。1982年6月，苏州洞庭碧螺春被全国名茶评比会评为全国名茶。1986年5月，吴县碧螺春被评为全国名茶。碧螺春分7级，芽叶随1 ~ 7级逐渐增大，茸毛逐渐减少。

碧螺春茶冲泡时，先在杯中倒入开水，再放入茶叶，或用70 ~ 80 ℃开水冲泡。当披毫青翠的碧螺春一投入水中，白色霜毫立即溶失，随后茶叶纷纷下沉，并由曲而伸展，仿佛绽苞吐翠，春染叶绿。稍停，杯底出现一层碧清茶色，但上层仍是白水，淡而无味。如果倒去一半，再冲入开水，芽叶全部舒展，全杯汤色似碧玉，闻之清香扑鼻，饮之舌根含香。回味无穷，顿使人神清气爽。

3. 信阳毛尖

信阳毛尖产于河南省大别山区的信阳县，已有2 000多年的历史。茶园主要分布在车云山、集云山、云雾山、震雷山、黑龙潭等群山的峡谷之间。这里地势高峻，群峦叠嶂，溪流纵横，云雾弥漫，还有豫南名泉“黑龙潭”和“白龙潭”，景色奇丽。正是这里的独特地形和气候，以及缕缕云雾，滋生孕育了肥壮柔嫩的茶芽，为信阳毛尖独特的风格提供了天然条件。信阳毛尖如图3—3所示。

图3—3 信阳毛尖

信阳毛尖一般自4月中下旬开采，以一芽一叶或一芽二叶初展为特级和1级毛尖；一芽二、三叶制2 ~ 3级毛尖。采摘好的鲜叶经适当摊放后进行炒制。先生炒，经杀青、揉捻，再熟炒，使茶叶达到外形细、圆紧、直、光、多白毫，内质清香，汤绿叶浓。

信阳毛尖曾荣获1915年巴拿马万国博览会名茶优质奖。1959年被列为我国十大名茶之一，1982年被评为商业部优质产品，不仅在国内20多个省区有广泛的市场，而且远销日本、德国、美国、新加坡、马来西亚等十余个国家，深得中外茶友称道。

4. 皖南屯绿

徽州第一山城屯溪，古称昱城，为皖南的繁华重镇。皖南山区所产绿茶大都在此加工和交易，人们称这些茶为青绿茶，简称“屯绿”。其中尤以休宁、歙县的“屯绿”出名，属优质炒青眉茶。“屯绿”依其品种和品质不同，有特1级、特2级、1 ~ 4级、不列级品。

屯绿采制精细，鲜叶多为一芽二叶或三叶嫩梢，初制除揉捻工序外，全部在锅中炒制而成。屯绿外形匀整，条索紧结，色泽灰绿光润，香高馥郁，味浓醇和，汤色清澈明亮，是我国炒青绿茶中出类拔萃的品种，是出口绿茶的骨干。

屯绿中色、香、味、形具臻上乘的极品特珍特级，条索紧细秀长，芽峰显露，稍弯如眉，色泽绿润起霜，香气鲜嫩馥郁，带熟板栗香，滋味鲜浓爽口，汤色黄绿明亮，叶底肥嫩匀亮，产量只占屯绿的0.5%，极其珍贵。品尝后有“入口浓醇，过喉鲜爽，口留余香，回味甘甜”之感。

屯绿花色品种的变化很大，从1895年以前的24种演变到1930年的5种。20世纪30年代至新中国成立初，盛行9种花色，即抽珍、珍眉、特贡、贡熙、特针、针眉、凤眉、是目、峨眉。新中国成立后，花色品种曾两度简化统一，时至今日，共有特珍、珍眉、雨茶、特贡、贡熙、针眉、秀眉、绿片8个花色、18个不同级别的外销绿茶。

由于屯绿品质优异，新中国成立后其曾多次在国内外的评比中获奖。1979年，特珍一级、珍眉三级和特珍三级被评为商业部优质产品；1981年，特珍一级获国家银质奖；1985年，特珍特级、特珍一级和珍眉一级获国家银质奖，同年上述三个品种和贡熙一级被评为商业部优质产品；1988年，特珍特级、特珍一级获雅典第27届世界食品评选会银质奖和首届中国食品博览会金质奖；1989年，特珍一级获商业部优质产品奖；1990年，特珍特级、特珍一级被评为国优产品，分列出口茶类第一名和第二名。

5. 太平猴魁

太平猴魁堪称“刀枪云集”“龙飞凤舞”，外形两叶抱一芽，平扁挺直，不散、不翘、不曲；全身披白毫，含而不露。叶面的色泽苍绿匀润，叶背浅绿，叶脉绿中藏红。入杯冲泡，芽叶成朵，不沉不浮，悬在明澈嫩绿的茶汁之中，似乎有好些小猴子在杯中伸头缩尾。猴魁茶汁清绿明亮，滋味鲜醇回甜。20世纪60年代初，越南的胡志明同志到徽州避暑，临走时特意带回去一包太平猴魁。太平猴魁如图3—4所示。

图3—4 太平猴魁

猴魁始产于1900年间，当初因茶农精植巧制，塑造成独有的形状，在国内获得优等奖。1915年，在巴拿马万国博览会上获一等金质奖章和奖状。20世纪30年代，猴魁远涉南美洲，进入玻利维亚等国展销。1979年，猴魁在我国出口商品交易会上展出，博得五大洲客商的好评，被评为全国名茶。

猴魁产于我国著名风景区黄山的北麓，太平县新明乡三合村猴坑、猴岗、颜村等地。茶园大多坐落在海拔500 ~ 700 m的山岭上，主要分布在凤凰尖、狮形山和鸡公尖一带，由于三峰鼎足，崇山峻岭，林壑幽深，地势险要，故传有猴子采茶之说。这里低温多湿，土质肥沃深厚。山上，常年云雾缭绕，夏日夜晚凉爽，晨起云海一片，浓雾茫茫。山下，太平湖蜿蜒。幽谷中，山高林密，鸟语花香。

猴魁的采制时间一般是在谷雨到立夏间，茶叶长出一芽三、四叶时开园。采摘时有“四拣”：拣山、拣棵、拣枝和拣尖。分批采摘，精细挑选，取其枝头嫩芽，弃其大叶，严格剔除虫蛀叶，保证鲜叶原料全部达到一芽二叶的标准，大小一致，均匀美观。制作时工艺精巧，杀青是用手炒锅，炭火烘烤，火温在100 ℃以上，每杀青一次，仅投鲜叶100 ~ 150 g，在锅内连炒3 ~ 5 min，制作的全过程达4 ~ 5 h。猴魁的包装也很考究，需趁热时装入锡罐或白铁筒内，待茶稍冷后，以锡焊口封盖，使远销国外和调运到北京、天津、上海等地的猴魁久不变质。

猴魁为极品茶，依其品质高低又有1 ~ 3等或称上、中、下魁。

图3—5 祁门工夫红茶

6. 祁门工夫红茶

祁门工夫红茶是我国传统工夫红茶的珍品，简称祁红。主要产于安徽省祁门县，与其毗邻的石台、至东、黟县及贵池等县也有少量生产。这些地区土壤肥沃，腐殖质含量高，早晚温差大，常有云雾缭绕，且日照时间较短，构成了茶树生长的天然佳境，也酿成祁红特殊的芳香厚味。祁门工夫红茶如图3—5所示。

祁门工夫红茶品质超群，被誉为“群芳最”。它以条形紧秀、锋苗好、色有“宝光”和香气浓郁著称于世。英国人喜爱祁红，皇家贵族把它当作时髦饮品，称它为“茶中英豪”。日本消费者也爱饮用祁门红茶，称其香气为“玫瑰香”。据历史记载，清光绪前，祁门生产绿茶，品质好，称为“安绿”。光绪元年（公元1875年），黟县人余干臣从福建罢官回原籍经商，在至德县（今至东县）设立茶庄，仿照“闽红”制法试制红茶，一举成功。由于茶价高、销路好，人们纷纷相应改制，逐渐形成“祁门红茶”，与当时国内著名的“闽红”“宁红”齐名。“祁红”曾获1915年巴拿马万国博览会金质奖。品质优异的祁门红茶，采制工艺十分精湛。高档茶以一芽二叶为主，一般均系一芽三叶及相应嫩度的对夹叶。将采摘好的鲜叶经过16道工序的加工，制成外形整齐美观、内质纯净统一的高品质祁门红茶。如选用祁门所出的“白如玉、薄如纸、明如镜、声如磬”的高白釉薄胎茶具，再取祁门山泉冲泡，品饮祁门红茶时就会看到茶汤红艳鲜亮，茶碗边缘出现一圈金黄色光环，热气先绕几圈，再徐徐上升；再看叶底，披裹着一身红艳艳的“时装”，颇为悦目。

祁门工夫红茶依其品质高低分为1～7级。

7. 宁红工夫茶

宁红工夫茶简称宁红，是我国最早的工夫红茶之一，江西修水县是主要产地。据说当年香港口岸，曾经有“宁红不到庄，茶叶不开箱”的说法。修水红茶的产生始于清道光年间，因当时修水县属“义宁州”，故所产红茶，称为宁红。宁红最盛时期为清光绪十八年到二十年（1892—1894年），输出量每年达30万箱，其中修水就占80%，即达24万担。修水县作为宁红茶出口生产基地，经中外专家鉴定，品质已达到国际高级茶标准，多次获国家和省级奖励。宁红工夫茶如图 3—6 所示。

图 3—6 宁红工夫茶

当代茶圣吴觉农先生认为“宁红是历史上最早支派，宁红早于祁红九十年，先有宁红，后有祁红”。19 世纪中叶，宁红畅销欧美，成为中国名茶。美国茶叶专家威廉·乌克斯在《茶叶全书》专著中评述：“宁红外形美丽、紧结、色黑，水色红艳引人，在拼和茶中极有价值。”他称赞宁红色、香、味俱属上乘。光绪年间，宁红生产朝廷贡品——太子茶。漫江罗坤化的“厚生隆茶行”特制的太子茶，在汉口以每市斤 2 两白银的价格卖给俄国人。1914 年宁红极品白字号太子茶参加上海赛会，每磅售价 48 两白银，获五国外商“茶盖中华，价甲天下”的奖匾。清宣统二年，漫江郭敏生开设的义泰祥茶行特制的贡茶和民国四年郭鸣岐在漫江特制的贡茗，先后在南洋劝业赛会上夺魁，荣获最优超等文凭。2015 年，在米兰世博会中国茶文化周暨百年世博中国名茶颁奖盛典中，“宁红茶”入选百年世博中国名茶公共品牌金奖，“宁红金毫”获百年世博中国名茶金骆驼奖。

修水县位于江西省西北部，这里山林苍翠，土质肥沃，雨量充沛，气候温和。每年春夏之间，云凝深谷，雾绕山岗奇峰，两岸翠峰叠嶂，佳木葱郁，云海漂缈，兼之土壤肥沃，蔚为奇景，雨过乍晴，阳光疏落，为宁红工夫茶生长创造了得天独厚的自然条件。

宁红以外形条索紧结秀丽、金毫显露、锋苗挺拔、色泽乌润、香味持久，叶底红亮、滋味浓醇的特色而驰名中外。

宁红工夫茶的成品共分 8 个等级。特级宁红紧细多毫，锋苗毕露，乌黑油

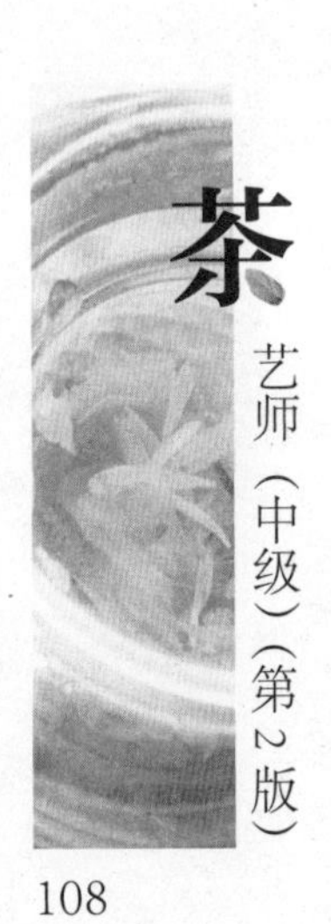

图3—7　安溪铁观音

润，鲜嫩浓郁，鲜醇爽口，柔嫩多芽，汤色红艳。

8. 安溪铁观音

铁观音茶树产于安溪县西部的内安溪，这里群山环抱，峰峦绵延，年平均温度为15 ~ 18 ℃，有“四季有花长见雨，一冬无雪却闻雷”之谚。铁观音茶的历史有200余年。安溪铁观音如图3—7所示。

铁观音茶是乌龙茶中的珍品，它制作严谨、技艺精巧。一年分四季采制，谷雨至立夏为春茶，夏至至小暑为夏茶，立秋至处暑为暑茶，秋分至寒露为秋茶。制茶品质以春茶为最好，其条索卷曲、壮结、沉重，呈青蒂绿腹蜻蜓头状。色泽鲜润，砂绿显，红点明，叶表带白霜，汤色金黄，浓艳清澈，叶底肥厚明亮，具绸面光泽。泡饮茶汤醇厚甘鲜，入口回甘带蜜味，香气馥郁持久，有“绿叶红镶边，七泡有余香”之誉。

铁观音的品饮仍沿袭传统工夫茶的品饮方式。选用陶制小壶、白瓷小盅，先用温水烫热，然后在壶中装入相当于1/2 ~ 2/3壶容量的茶叶，冲以沸水，此时即有一股香气扑鼻而来，正是“未尝甘露味，先闻圣妙香”。1 ~ 2 min后将茶汤倾入小盅内，先嗅其香，继尝其味，浅斟细啜，实乃一种生活艺术享受。

铁观音茶一向为福建、广东、台湾茶客及海外侨胞所珍爱。此茶一经品尝，辄难释手。20世纪50年代以来，铁观音茶逐渐为华北人民所喜爱，现在则美名遍及全国各地，消费量不断增长。在日本，铁观音几乎已成为乌龙茶的代名词。

根据《乌龙茶　第2部分：铁观音》（GB/T 30357.2—2013）及其修改单的规定，清香型铁观音按其感官指标分为特级、1 ~ 3级，浓香型铁观音按其感官指标分为特级、1 ~ 4级，陈香型铁观音按其感官指标分为特级、1级、2级。

9. 云南普洱茶

普洱茶是中国名茶一秀，素以独特的风味和优异的品质享誉海内外。它属黑茶类，即后发酵茶，是我国特有的茶类。云南普洱茶如图3—8 ~ 图3—10所示。

据南宋《续博物志》记载：“西藩之用普茶，已自唐朝。”西藩，指居住在康藏地区的兄弟民族，普茶，即普洱茶。可见至少在唐代，普洱茶就已问世。普洱茶的得名源于普洱市，普洱市是滇南重镇，周围各地所产茶叶运至普洱府

（即普洱市）加工，再运销康藏各地，遂得名。现云南西双版纳、思茅等地也盛产普洱茶。

普洱茶选用优良的云南大叶种，采摘其鲜叶，经过杀青后揉捻晒干制成晒青茶，然后泼水堆积发酵（沤堆），经过这种特殊工艺制成的普洱茶品质别具一格，外形条索粗壮肥大，色泽乌润或褐红，汤色红黄，香气馥郁，滋味醇厚回甜，具有独特的清香，饮后令人口齿生香，回味无穷，而且茶性温和，有较好的药理作用。

普洱茶有散茶和紧压茶两种。散茶外形条索粗壮、重实，色泽褐红；紧压茶由散茶蒸压而成，主要有普洱沱茶、普洱砖茶、七子饼茶等，外形端正匀整，松紧适度。近年来，普洱茶不仅深受港澳地区和东南亚国家消费者的欢迎，而且远销日本、欧洲，成为越来越多的人所喜爱的保健饮料，在日本、法国、德国、意大利等地被称为“美容茶”“益寿茶”“减肥茶”等。尤其是小包装普洱茶，采用编织精美、镶嵌彩色大理石的竹盒，古朴大方，具有浓厚的民族风格，既可取名茶品尝，又可留下包装作为工艺品观赏。

图 3—8　普洱散茶

图 3—9　七子饼茶

图 3—10　普洱熟茶

10. 君山银针

“洞庭帝子春长恨，二千年来草更香”，这是对君山银针的赞美之诗。它产于烟波浩渺的洞庭湖中的青螺岛，岛上土壤肥沃，竹木丛生，春夏季湖水蒸发，云雾弥漫，正是这“遥

望洞庭山水翠，白银盘里一青螺”的君山小岛孕育了名茶银针。君山银针如图3—11所示。

图3—11　君山银针

君山银针属黄茶种类，为轻发酵茶。基本工艺近似绿茶制作，但在制茶过程中加以焖黄，具有黄汤黄叶的特点。君山银针在清明前3天左右开始采摘，直接从茶树上拣采芽头，芽头长25～30 mm，宽3～4 mm，芽蒂长约2 mm，肥硕重实，一芽头包含三、四个已分化却未展开的叶片。雨天不采、露水芽不采、紫色芽不采、空心芽不采、开口芽不采、冻伤芽不采、虫伤芽不采、瘦弱芽不采、过长过短芽不采，这是君山银针的“九不采”原则。采摘好的鲜叶经杀青、摊晾、焖黄等8道工序，历时3天，长达70多个小时之后，制成品质超群的君山银针茶。每千克君山银针约5万个芽头。

君山银针属芽茶，其芽头肥壮，紧实挺直，芽身金黄，满披银毫，汤色橙黄明净，香气清纯，滋味甜爽，叶底嫩黄匀亮。根据芽头肥壮程度，君山银针分特号、一号、二号3个档次。如用洁净透明的玻璃杯冲泡君山银针，可以看到初始芽尖朝上、蒂头下垂而悬浮于水面，随后缓缓降落，竖立于杯底，忽升忽降，蔚成趣观，最多可达3次，有“三起三落”之称。最后竖沉于杯底，如刀枪林立，似群笋破土，芽光水色，浑然一体，堆绿叠翠，妙趣横生。且不说品尝香味以饱口福，只消亲眼观赏一番，也足以引人入胜，令人神清气爽。在1956年莱比锡世界博览会上，君山银针被誉为“金镶玉”，并赢得金质奖章。

11. 黄山毛峰

据《徽州府志》记载：“黄山产茶始于宋之嘉祐，兴于明之隆庆。”由此可知，黄山产茶历史悠久，黄山茶在明朝就已经很有名了。黄山毛峰是清代光

图3—12 黄山毛峰

绪年间谢裕泰茶庄所创制。该茶庄创始人谢静和，安徽歙县人，以茶为业，不仅经营茶庄，而且精通茶叶采制技术。1875年后，为迎合市场需求，每年清明时节，在黄山汤口、充川等地，登高山名园，采肥嫩芽尖，精心焙炒，标名“黄山毛峰”，远销东北、华北一带。黄山毛峰如图3—12所示。

黄山为我国东部的著名山峰，素以苍劲多姿之奇松、嶙峋奇妙之怪石、变幻莫测之云海、色清甘美之温泉闻名于世。明代徐霞客给予黄山很高评价，“五岳归来不看山，黄山归来不看岳”，把黄山推为我国名山之首。黄山风景区内海拔700～800 m的桃花峰、紫云峰、云谷寺、松谷庵、吊桥庵、慈光阁一带为特级黄山毛峰主产地。风景区外围的汤口、岗村、杨村、芳村也是黄山毛峰的重要产区，历史上曾称之为黄山“四大名家”。现在黄山毛峰的生产已扩展到黄山山脉南北麓的黄山市徽州区、黄山区、歙县、黟县等地。这里山高谷深，峰峦叠嶂，溪涧遍布，森林茂密，气候温和，雨量充沛，年平均温度15～16℃，年平均降水量1 800～2 000 mm。土壤属山地黄壤，土层深厚，质地疏松，透水性好，含有丰富的有机质和磷钾肥，适宜茶树生长。优越的生态环境，为黄山毛峰自然品质风格的形成创造了极其良好的条件。

黄山毛峰分特级、1～3级。特级黄山毛峰又分上、中、下三等，1～3级每级各分两等。

特级黄山毛峰堪称我国毛峰之极品，其形似雀舌，匀齐壮实，峰显毫露，色如象牙，鱼叶金黄；内质清香高长，汤色清澈，滋味鲜浓、醇厚、甘甜；叶底嫩黄，肥壮成朵。其中“金黄片”和“象牙色”是特级黄山毛峰外形与其他毛峰不同的两大明显特征。

黄山不仅盛产名茶，而且多名泉。《图经》中记载：“黄山旧名黟山，东峰下有朱砂汤泉可点茗，泉色微红，此自然之丹液也。”名山、名茶、名泉，相得益彰。用黄山泉水冲泡黄山茶，茶汤经过一夜，第二天茶碗也不会留下茶痕。

12. 滇红工夫茶

滇红工夫茶属大叶种类型的工夫茶，简称滇红，是我国工夫茶的奇葩，它以外形肥硕紧实、金毫显露和香高味浓的品质而独树一帜。滇红产于云南省西南部的临沧，那里溪流交织，雨量充沛，土壤肥沃，腐殖质丰富，被科学家称为“生物优生带”。滇红工夫茶如图3—13所示。

图3—13 滇红工夫茶

云南是世界茶叶的原产地之一，是茶叶之路的起始点，然而云南红茶生产仅有约60年的历史。1938年底，“云南中国茶叶贸易股份公司”成立，公司派人分别到顺宁（今凤庆）和佛海（今勐海）两地试制红茶，首批约2 500 kg，通过香港富华公司转销伦敦，赢得客户欢迎。据说，英国女王对此茶非常喜欢，将其置于玻璃器皿之中，作观赏之物。后因战事连绵，滇红工夫茶窒息于襁褓之中。直到20世纪50年代后，滇红工夫茶才得以发展和迎来第二次崛起，成为举世欢迎的工夫红茶。

滇红因采制季节不同，其品质也有所不同，春茶比夏、秋茶好。春茶条索肥硕，身骨重实，净底嫩匀。夏茶正值雨季，虽芽毫显露，但净度较低，叶底稍显硬、杂。秋茶正处于干凉季节，茶身骨轻、净度低，嫩度不及春、夏茶。滇红选用嫩度适宜的、内含多酚类物质比其他茶树丰富的云南大叶种茶树鲜叶作原料，经过加工产生较多的茶黄素、茶红素，加之咖啡碱、水浸出物等物质含量较高，制成的红茶汤色红艳，品质上乘。

滇红以茸毫显露为其品质特点之一。其毫色可分淡黄、菊黄、金黄等。滇红外形条索紧结，肥硕雄壮，干茶色泽乌润，金毫特显；内质汤色艳亮，香气鲜郁高长，滋味浓厚鲜爽，富有刺激性；叶底红匀嫩亮。滇红香气以滇西茶区的云县、凤庆、昌宁为佳，尤其是云县部分地区产的工夫茶，香气高长，且带有花香。滇南茶区工夫茶滋味浓厚，刺激性较强；滇西茶区工夫茶滋味醇厚，刺激性稍弱，但回味鲜爽。滇红工夫茶依其品质不同分为 1 ～ 7 级。

13 . 六安瓜片

六安瓜片历史悠久，早在唐代就有记载。茶叶称为“瓜片”，是因其叶状好像颇大的瓜子。色泽翠绿、香气清高、味道甘鲜的六安瓜片，历来被人们当作礼茶，用来款待贵客嘉宾。明代以前，六安瓜片就是供宫廷饮用的贡茶。据《六安州志》载：“天下产茶州县数十，惟六安茶为宫廷常进之品。”六安瓜片如图 3—14 所示。

图 3—14　六安瓜片

六安瓜片的产地主要在金寨、六安、霍山三县，以金寨的齐云瓜片为最佳，齐云山蝙蝠洞所产的茶叶品质为最优，用开水沏后，雾气蒸腾，清香四溢，称之为“齐山云雾”。

在炎夏，品尝六安瓜片的人会有这种感觉：喝上一杯，心清目明，七窍通顺，精神为之一爽。因为这种茶叶具有一定的医用价值，明朝闻龙在《茶笺》里称其为“六安精品，入药最效”。

六安瓜片采摘标准以对夹二、三叶和一芽二、三叶为主，经生锅、熟锅、毛火、小火、老火 5 道工序制成形似瓜子形的单片，自然平展，叶缘微翘，大小均匀，不含芽尖、芽梗，色泽绿中带霜（宝绿）。六安瓜片中的各种齐山瓜片分为 1 ～ 3 级。

14. 云南沱茶

云南沱茶是具有独特风格的传统名茶，于 1989 年获全国名茶称号。云南下关沱茶 1985 年荣获国家优质产品银质奖章，云南普洱沱茶 1986 年获世界食品汉白玉金冠奖。云南沱茶如图 3—15 所示。

图 3—15　云南沱茶

云南沱茶属紧压茶，产销历史很长。明代《滇略》一书即有记载。沱茶产区坐落在终年积雪的苍山之麓、碧波荡漾的洱海之滨，风光秀丽，环境优美，泉水清冽，是加工精制茶叶的理想地方。

云南沱茶选用优质毛茶作原料，经高温蒸压精制而成碗形，一般规格为外径8 cm，高4.5 cm，外观显毫。其包括两种类型，各具特色：一种是选用滇南茶区所产优质青毛茶加工制成，具有色泽乌润、汤色清澈、馥郁清香、醇爽回甜的特点，主销国内各地；另一种是采用普洱散茶作原料，制成的沱茶色泽褐红、汤色红亮、性温味甘、滋味醇厚，主要供应出口，远销西欧、北美。外形紧结端正，冲泡后色、香、味俱佳，且能持久，耐人品尝，则是这两种沱茶的共同点。由于受人欢迎，云南沱茶销路越来越广。法国巴黎医学专家给20位血脂过高的病人每天喝3碗普洱沱茶，观察1个月后，发现患者的血脂下降了22%，效果明显。目前，沱茶，尤其是普洱沱茶在国外开始成为一种有益身体的保健饮料，引起各界人士的重视和浓厚兴趣。

沱茶的加工工艺一般有称茶、蒸茶、压制、定型、干燥、包装等工序。其质量规格分100 g、250 g、500 g。下关沱茶100 g一只，分盖茶与底茶，盖茶占25%，其余为底茶。

图3—16 庐山云雾茶

15. 庐山云雾茶

庐山云雾茶是传统名茶，也是中国名茶系列之一，最早是一种野生茶，后经东林寺名僧慧远将其改造为家生茶。庐山云雾茶始于汉朝，宋代列为“贡茶”，因产自中国江西省九江市的庐山而得名。茶芽肥绿润多毫，条索紧凑秀丽，香气鲜爽持久，滋味醇厚甘甜，汤色清澈明亮，叶底嫩绿匀齐。通常用“六绝”来形容庐山云雾茶，即“条索粗壮、青翠多毫、汤色明亮、叶嫩匀齐、香凛持久、醇厚味甘”。庐山云雾茶如图3—16所示。

庐山云雾茶的主要茶区分布在海拔800 m以上的含鄱口、五老峰、汉阳峰、小天池、仙人洞等地，这里由于江湖水汽蒸腾而形成云雾，常见云海茫茫，一年中有雾的日子可达195天之多。由于这里升温比较迟缓，因此茶树萌发多在谷雨后，即4月下旬至5月初。又由于萌芽期正值雾天最多之时，因此造就了云雾茶的独特品质。尤其是五老峰与汉阳峰之间，终日云雾不散，所产之茶为最佳。由于气候条件，云雾茶比其他茶采摘时间晚，一般在谷雨后至立夏之间方开始采摘。

云雾茶风味独特，由于受庐山凉爽多雾的气候及日光直射时间短等条件影响，形成了叶厚、毫多、醇甘、耐泡的特点。1971 年，庐山云雾茶被列入中国绿茶类的特种名茶。1982 年在全国名茶评比中又被评定为中国名茶，同年在江西 21 种茶叶评比中，名列江西八大名茶之冠。

16. 南京雨花茶

南京雨花茶主要产于南京市的中山陵、雨花台一带的风景园林名胜区，创制于 20 世纪 50 年代末。雨花茶以碧绿的茶色、清雅的香气、甘醇的滋味而闻名。其外形条索紧直浑圆，两端略尖，锋苗挺秀，形似松针，色泽深绿，略显白毫，香气浓郁高长，滋味鲜醇，汤色清绿明亮，叶底嫩匀，嫩绿明亮。南京雨花茶如图 3—17 所示。

图 3—17 南京雨花茶

17. 平邑金银花茶

金银花茶是国内首创的保健茶新品种，它是用金银花的花蕾配以绿茶，按照茶叶加工工艺制作而成。金银花茶干茶呈栗褐色，冲泡后香气清雅，滋味甘醇，汤色黄亮悦目。它既保持了金银花固有的外形和内涵，又具有一般茶类的通性。金银花又名双花、二宝花、忍冬花，我国是金银花的原产地之一。平邑金银花茶如图 3—18 所示。

图 3—18 平邑金银花茶

金银花是国家确定的名贵中药材之一。历代医著作均把其列为上品，《名医别录》记述了它有治疗“暑热身肿”的功能，李时珍的《本草纲目》称它可以“久服轻身，延年益寿”。相传，当年乾隆皇帝下江南，途经山东平邑，登蒙山至“孔子登临处”时，中暑晕倒、昏迷不醒，随行御医慌作一团，用珍奇名药，皆无济于事。当地一位郎中闻讯，仅用数枚金银花煎茶，乾隆皇帝服后暑疾顿消。从此，金银花茶被列为贡品。现代研究证明，金银花的主要成分为具有抗菌消炎作用的绿原酸。金银花中还含有肌醇、皂甙、挥发油、黄酮类等多种营养保健成分。

为了充分发挥金银花神奇的保健功效，企业与研究机构共同研制成功了金银花茶。金银花茶闻之气味芬芳，饮之心清肺爽，且能防暑降温，明目增智，常饮可延年益寿。其曾在原商业部组织的鉴定会上获得专家好评："金银花茶饮用安全，无毒副作用，具有清热解暑，促进生长，延缓衰老，降脂减肥，清除体内有毒物质等多种保健功能，是夏季防暑、婴儿和中老年人保健、高温作业及重污染岗位职工劳动卫生保护等领域内的有益茶品。"

金银花茶的加工工艺独特，需经严格地挑选、浸渍、烘烤和对绿茶的窨制（3次以上）等工序，窨花时金银茶与绿茶的比例为7 ∶ 3。成品中的金银花外形保持金银花蕾原有的形体和色泽，冲泡后花蕾在茶汤中飘游浮动。金银花茶的汤色黄亮，饮之有特殊的清香淡雅感。平邑金银花茶区别于其他保健茶的重要特点，一是无中药味，而且兼有茶之品味和花之清香；二是金银花采摘工艺讲究，只选用含苞待开花蕾，不采摘展开之花。金银花依其茶坯品质和窨制工艺不同分为特级、1级、2级、3级。

金银花茶一上市，立即受到消费者的好评，产量一增再增，仍然供不应求。尤其是东南亚国家，把金银花茶视为珍宝，日本人还把金银花茶作为礼品馈赠亲朋好友，象征吉祥。美国、日本、罗马尼亚、澳大利亚等客商也曾在平邑县考察金银花，市场前景广阔。

四、中国各地名泉

泉，遍布神州大地。作为人类生存不可缺少的重要资源，我们的祖先很早就开发利用泉水。在出土的甲骨文里，即有关于泉的记载。《诗经》中有许多佳美的诗句都是描绘、赞美泉水的。

本书所收录之泉，仅是我国数以千计清泉中的一部分，都是与品茶相关的，其分布地域以江南为主。这些泉历经漫长岁月，有的依然流水淙淙，有的已接近干涸，有的则已经湮没。将这些茶泉整理出来汇集一处，既可开发利用，造福人类，又能作为珍贵资料，长存于茶文化的史册中。

1. 天下第一泉

自唐代饮茶风尚流行以来，其中被称为天下第一泉的有7处。

（1）庐山康王谷谷帘泉

此泉位于江西省著名风景旅游区庐山南山中部偏西。茶圣陆羽将其评为“天下第一泉”从而名扬四海，历代文人墨客接踵而至，纷纷品水题字。王安石、朱熹、秦少游等人都在游览品尝过谷帘泉水后留下华章佳句，为之添光增彩。

（2）镇江中泠泉

此泉即扬子江南零水，又名中零泉、中濡水，意为大江中心处的一股清冷的泉水。此泉位于江苏省镇江市金山寺以西的石弹山下，被唐代刘伯刍评为第一泉。宋代名臣文天祥在品尝了用中泠泉泉水煎泡的茶之后曾写下这样的诗句：“扬子江心第一泉，南金来此铸文渊。男儿斩却楼兰首，闲品茶经拜羽仙。”由此，中泠泉“天下第一泉”的名声更是不胫而走。

（3）北京玉泉山玉泉

此泉位于颐和园以西的玉泉山南麓，出露在石缝隙之中。玉泉水“水清而碧，澄洁似玉”，故称玉泉。玉泉流量大而稳定，曾是金中都、元大都和明、清北京河湖系统的主要水源。明代永乐皇帝迁都北京以后，把玉泉定为宫廷饮用之水源地，并沿袭至清代。清代乾隆曾命人分别从全国各地汲取名泉水样和玉泉水一起进行比较、称水检测，结果北京玉泉水名列第一，比国内其他名泉的水都轻，证明泉水所含杂质最少，水质量优，故乾隆皇帝特地撰写《玉泉山天下第一泉记》，赐名玉泉为“天下第一泉”。

（4）济南趵突泉

此泉位于山东省济南旧城区的西南。趵突泉东西 700 m，南北 250 m，是济南七十二泉水之首。北宋文学家曾巩在《齐州二堂记》一文中，正式命名为“趵突泉”。乾隆皇帝在品尝完趵突泉冲泡的茶水之后又将其命名为“天下第一泉”。

（5）四川峨嵋山玉液泉

此泉位于四川峨嵋山神水阁前。泉水清澈湛碧悦人，饮之甘洌适口，治病健身，延年益寿，被清人邢丽江评为“天下第一泉”。

（6）昆明市安宁碧玉泉

该泉位于云南省昆明市安宁县的螳螂川右岸。相传碧玉泉池中有石，“光腻胜玉，碧色奇目”，故名。泉水清澈透明，水质柔滑优良，水温在40～45℃之间，可以洗浴，还可饮用。浴则可治疗多种疾病，尤其是对皮肤病、关节炎和慢性胃病患者疗效显著；饮则烹茶煮茗，其味温醇可口，风味独特。因此明代学者杨慎说此泉水“不可不饮”，并手书“天下第一汤”。

（7）月儿泉

另有一处沙漠中的“月儿泉”亦被人赞为“天下第一泉”。

2. 天下第二泉

天下第一泉可能会有些纷争，而天下第二泉却仅无锡惠山泉一家享此殊荣。因茶圣陆羽曾亲品其味，故惠山泉又名陆子泉。它位于无锡市惠山第一峰白石坞下的锡惠公园内。陆羽将其评为天下第二泉，其后刘伯刍、张又新等唐代著名茶人均推举它为天下第二泉，故一直以来惠山泉就享此名声。

3. 龙井泉

龙井泉本名龙泓泉，又名龙湫，是个圆形泉池，位于浙江省杭州西湖西南，南高峰与天马山之间的龙泓涧上游的风篁岭上。

4. 虎跑泉

素以天下第三泉著称的虎跑泉位于浙江省杭州西湖西南大慈山白鹤峰下。传说唐元和年间有位叫性空的和尚居住此地，苦于无水，一日忽见有二虎刨地，泉遂涌出，故取名“虎刨泉”。后觉拗口，又改为“虎跑泉”。虎跑泉是一个两尺见方的泉眼，清澄明净的泉水从山岩石缝间汩汩流出，用之烹茶是历代茶人最为惬意之事，称虎跑水和龙井茶为“双绝”。

5. 仆夫泉

仆夫泉位于浙江杭州孤山玛璃坡。北宋时僧智圆曾在此居住。泉水在丘陵巅崖的上面，非常清洌，入口极凉。用它来煮饮茶汤，比江湖之水要好得多。明代冯梦祯曾经在自己的书中记载过。

6. 后仆夫泉

后仆夫泉位于浙江杭州宝石山玛璃院。玛璃院本来是在孤山，南宋时迁移到这里。庙里的僧人们本来是饮用原来的井水，可是那非常苦。元至正三年，僧人芳洲挖地的时候挖出了这股泉水，后世就以“后仆夫”来命名它。

7. 参寥泉

参寥泉位于浙江杭州孤山智果寺,它从石缝间流出,非常甘洌,很适宜泡茶。参寥是一个僧人的名字。苏东坡《参寥泉铭序》曾记载：“余谪居黄。参寥子不远数千里，从余于东城。留期年。尝与同游武昌之西山。梦相与赋诗，有‘寒食清明，石泉槐火’之句，语甚美，而不知所谓。其后七年，余出守钱塘。参寥子在焉。明年，卜智果精舍居之。又明年，新居成，而余以寒食去郡。实来告行。舍下旧有泉，出石间。是月，又凿石得泉，愈洌。参寥子撷新茶，钻火，煮泉而瀹之。笑曰：‘是见子梦九年，卫公之为灵也久矣。’座人皆怅然太息，有知命无求之意，乃名之曰‘参寥泉’。”

8. 佛足泉

佛足泉位于浙江杭州宝石山下。宝山石壁上有两个足迹，大约有 1 m 长、0.33 m 宽，据传是钱王故迹，还有人说是佛祖曾从此走过留下的脚印，所以就以此来命名泉水。泉水边上的石头不生苔藓，非常光洁，滑腻可玩。

9. 君子泉

君子泉有两处，均在浙江杭州。一处在凤林寺的后面，石上刻有“君子泉”三字。南宋时，达官贵人们经常在其中浸润新鲜水果，因它的清凉之气使水果不容易腐坏。另一处在积庆山马波岭，这两股泉水最后都汇合在金沙泉。

10. 玉女泉

玉女泉位于浙江杭州飞来峰的玉女洞中。苏东坡在杭州做官的时候，非常

喜欢这里的泉水，派人每天来打两瓶，可是又怕仆人偷懒用其他地方的水掉包，就特意用竹子制作了标记，交给寺里的僧人，作为取水的凭证，后人称之为“调水符”。

11. 梦泉

有三处泉水都叫梦泉，均在浙江杭州。一处在天竺双桧峰下，一处在前梦泉的西边，还有一处在幽淙岭。

12. 茯苓泉

茯苓泉位于浙江杭州灵隐寺无垢院的后山。山内苍松翠柏，摇曳多姿，石缝中流出的泉水异常甘甜，经常饮用的使人健康、长寿。

13. 观音泉

总共有四处观音泉，均在浙江杭州。一处在上天竺。一处在麦岭北的茅家埠，俗名观音井，只有几尺宽，滋味比玉泉还要甘甜，相传发生大旱的时候，其他地方的泉水都干涸了，只有这里的泉水依然汩汩流淌。一处在杭州城内三桥址，也叫汲古泉，此泉清冽甘甜，旱天也不干竭。还有一处在云居山圣水庵侧面，据说能够治疗疾病，所以也被称作圣水泉。

14. 胭脂泉

胭脂泉位于杭州胭脂岭的普福寺中。此泉和小溪相通，经茅家埠入湖，也叫仙芝泉。

15. 刘公泉

刘公泉位于杭州南高峰的烟霞洞，从石缝中间流出，清澈甘甜。

16. 琳琅泉

琳琅泉位于杭州南高峰的无门洞背面。

17. 定光泉

定光泉位于杭州法相定光庵侧面，山腰有股泉水，盘旋飞流，溅沫可爱，水质非常清凉甘甜，从前也叫锡杖泉。

18. 钵泉

钵泉位于杭州风篁岭上面，从石间流出，形状好像钵盂，也叫钵池。泉水从石中流出，旁边刻有“玉液”二字，因此又叫玉液泉。

19. 涌泉

涌泉有两处，均在浙江杭州城内。一处在理安寺法雨泉的侧面。一处在霍山的西面，清心院山坡下面。传说宋高宗也曾用它来煮饮茶汤。泉水从石罅中流到庙前，转入黄山桥的小河。泉水味道非常清冽，大旱天也不干竭。

20. 甘露泉

甘露泉位于杭州钱粮司岭的广泽寺里面，是虎跑泉的另一支脉。可以用它来煮饮茶汤。

21. 子午泉

子午泉位于浙江杭州宝山。水芬冽，至子午二时，则水溢，故名。遇大旱时，汲者众，水稍涸。然至夜半，泓然复盈。

22. 咽蛙泉

咽蛙泉位于浙江杭州湖墅草营巷法云寺附近。相传以前曾有一高僧，能禁止蛙鸣，泉水就以此为名。后法云寺废弃，咽蛙泉也被埋没。

23. 志书泉

志书泉位于湖墅妙行寺，两口井所出，泉水很是甘冽。

24. 莲花泉

莲花泉位于浙江杭州飞来峰顶峰，泉水清澈甘甜，用来煮茶非常适宜。

25. 烹茗井

烹茗井位于浙江杭州灵隐山。白居易曾经用它来煮饮茶汤，因此而得名。

26. 雪银泉

雪银泉位于杭州艮山门外伴云庵中。泉水不掺杂任何异味，清澈甘甜，放置几个月味道都不会变，因而数十里之外的许多人都来汲取这里的泉水。

27. 东坡泉

东坡泉位于浙江杭州。因被宋代大文学家苏东坡发现，故得名“东坡泉”。据《咸淳临安志》记载，在杭州双溪西边数十步远，苏东坡开始寻访泉水源头时，无意中发现了它，用来煮茶非常合适。

28. 安平泉

安平泉位于浙江余杭临平镇安隐院池边。苏东坡诗“当时陆羽空收拾，遗却安平一道泉”，就是指它。水极甘洌。

29. 炼丹泉

炼丹泉位于浙江余杭临平山北景星观前面，相传为葛仙翁遗迹。《宣统府志》中记载，因为观旁有邱真人祠，推断它是邱的遗迹。清顺治十五年，当地人围着泉水做了池，味遂减于前。

30. 梅花泉

梅花泉位于浙江杭州西溪，水滚滚而下，如同梅花瓣形状，比惠山泉要甘甜。

31. 云护泉

云护泉位于浙江省桐庐县分水罗迦山上，颜色碧绿，味道甘甜，用它来烹茶，茶汤味道很不错。

32. 郑公泉

郑公泉位于浙江省绍兴东南，泉水源头有二脉，从石罅间滴沥而出，味道极甘甜，适宜泡茶。石头上面是人行走的道路，而泉水却从中流过，如果不是山间僧人带路的话很难找到。

33. 苦竹泉

苦竹泉位于浙江省绍兴秦望山侧，泉水从中流下，适宜煮茶。

34. 石泉

石泉位于浙江绍兴城西南面约 5 km 路程的山上。泉水在竹林树阴中，甘甜寒凉，可以煮茶。

35. 禊泉

禊泉位于绍兴的斑竹庵里，它的水质优良，日铸茶如果用它来煮泡，香气更加浓郁。

36. 毛公醴泉井

毛公醴泉井位于浙江湖州武康县西北约3.5 km的招贤山麓。宋代知县毛滂用它来煮茶，味道甘甜清洌，因此凿地为井。毛滂在《游禅寺诗》中写道“煎茶玉醴轻”，说的就是它。

37. 玉泉池

玉泉池位于平湖县大乘寺，泉水清澈，用来煮茶没有任何杂质。

38. 幽澜泉

幽澜泉位于浙江省嘉善县。《六砚斋笔记》中写道，在县东武水北景德寺幽澜井。

39. 玉泉

玉泉位于在浙江省镇海县。《延祐四明志》写道，在县东北三十里广福院前。味甘色白，烹茶为胜。

40. 灵泉井

灵泉井位于浙江省海宁东南黄湾真如寺边上，陈逸曾写道：“邑之东六十里，山曰菩提，水曰灵泉……泉在寺旁，饮之，与吾家庶子泉颇相伯仲……此邑地半海卤，而有斯泉，惜乎陆羽、张又新辈未尝一顾，不列于《茶经》水品……庶子泉在二浙之中，瓶罂之行，不远万里，好事者谓茶得泉，如人得仙丹，精神顿异。”

41. 白水泉

白水泉位于浙江省海宁西山的白水庵。庵旁边有股泉水，色白、味淡，用来点茶最好不过。

42. 赤壁泉

赤壁泉位于浙江省海宁东山的小赤壁下，又叫半月泉，煮茶味道非常不错。

取名赤壁泉是从颜色角度出发，取名半月泉是因为它的形状好像月牙。

43. 须女泉

须女泉位于浙江江山县北面约 1.5 km，发源于西山之麓，形如半月，泉水甘洌宜茗。

44. 珠泉池

珠泉池位于浙江瑞安圣寿寺东北侧。泉水池的形状是长方形的，深度约有几尺，池底涧草平铺，清澈见底，经常会起泡珠，因此又名为珠泉。用它来烹茗，味道很是甘甜清洌。

45. 钱令公烹茶井

钱令公烹茶井在浙江平阳县松山，泉水清美。

46. 金沙泉

金沙泉位于浙江湖州长兴啄木岭，就是每年制造茶叶的地方。湖州、常州两个地方相会在这里。这股泉水，从沙砾中流出，经常没有水。相传古时将要选茶的时候，太守和县官就会拜祭泉水，不一会儿，泉水就汩汩而出，水质清溢，等制造完供茶，水流就会减半，等太守要喝的茶制造完毕，泉水就干涸了。

47. 三叠泉

三叠泉位于北京市延庆县西北松山脚下的茂草怪石间。这儿泉水恬静、清亮，适宜烹茶。

48. 碧带泉

碧带泉位于北京松山耸入云端的主峰的下面，水如玉带，顺着一块大而平坦的石板日夜流淌，水质甘洌，适宜烹茶。

49. 热河泉

热河泉位于河北省承德市避暑山庄的武烈河西侧冲积扇上，是从燕山断裂带中涌出的深层高压水，属砾岩下的地下温泉，泉头有自然石碑，刻着“热河”二字。该泉水味甘，清醇可口，含有多种矿物质。用热河泉的水烹茶，余香绕口，健身延寿。

50. 百泉（河北）

百泉位于河北省邢台市东南区域，由金屑、黑龙、银沙、珍珠、达活、紫金等15潭泉水组成，泉多水清，喷流不息。这些泉水飞珠抛沫，各具特色，或如玉盘倾珠，或如黑龙搅水，或如白沙翻滚，跃腾奔涌，生生不息。

51. 洪山源泉

洪山源泉位于山西省介休市东南洪山山麓，泉水自18个涌水泉眼涌出后汇集于泉前大小池中。池中泉水终年翻花吐涟，清澈见底，游鱼可数。

52. 龙子祠泉

龙子祠泉位于山西临汾县城西南13 km处的平山脚下，又名平水、平阳水、晋水、蜂窝泉、龙子泉。泉水顺着低缓的坡势会聚分闸，由西向东，激流直下，大有一泻千里之势。

53. 神堂泉

神堂泉位于山西省广灵县城南壶山，泉水自山麓流出，与自西向东横贯盆地的壶流河汇合，形成巨潭。

54. 霍泉

霍泉位于山西洪洞县城东北17 km处的霍山脚下。郦道元《水经注》说："霍水出自霍太山，积水成潭，数十丈不测其深。"霍太山即今日霍山，泉水从此山麓的百余个石罅小洞中涌出，喷玉吐银，浪花似雪，不出咫尺之外，顿然收敛，汇集在一个泉池中。泉水清澈见底，荇草丛中，游鱼往返。

55. 般茗泉

般茗泉位于山西五台县台怀镇口，泉眼圆亮如镜，水质清凉。清朝康熙、乾隆两皇帝先后15次上五台山，烹茗饮水均从此泉汲取。

56. 龙泉

龙泉位于山西五台县台怀镇以南5 km处的九龙冈山腰。泉水依山势泻流，

亮如飘动的锦缎。

57. 汤河矿泉

汤河矿泉位于辽宁辽阳市东南35 km的汤河乡境内。该泉隐伏于树木葱茏的丘陵之间，终年流淌不息。泉流韵律优美，水清，甘洌爽口，煮茶则留香两颊。

58. 八功德水

八功德水位于江苏省南京钟山灵谷寺。明徐献忠在《水品全秩》中写道：“八功德者，一清、二冷、三香、四柔、五甘、六净、七不噎、八除疴。昔山僧法喜以所居乏泉，精心求西域阿耨池水，七日掘地得之。梁以前常以供御池，故在峭壁。”

59. 桃花泉

桃花泉亦称桃花井，位于江苏扬州城内原清代盐政署内，水色清澈，其味甘美，为煮茶之佳泉。

60. 天下第五泉

天下第五泉位于江苏扬州大明寺西园，唐代刘伯刍将大明寺泉水评为“天下第五泉”，此后扬名于世。泉水味醇厚，泡茶清新。

61. 紫微泉

紫微泉位于安徽滁州南幽谷旁，原名丰乐泉，并建丰乐亭，又名幽谷泉。宋代欧阳修有《丰乐亭记》记其事。《大清一统志》卷九〇《安徽·滁州》引《州志》：“宋欧阳修守滁，既得醴泉于醉翁亭东南隅，一日会僚属于州廨，有以新茶献者。公敕吏汲泉，未至而汲者仆，出水，遽酌他泉以进，公知其非醴泉也，穷问之，乃得此泉。公寄谢绛诗曰：‘滁阳幽抱山斜，我凿清泉子种花。’”

62. 六一泉

六一泉位于安徽滁州西南琅琊山醉翁亭旁。宋代文豪欧阳修自号六一居士，曾任滁州太守，写下千古名篇《醉翁亭记》，后人即将此泉命名为“六一泉”。

63. 白乳泉

白乳泉位于安徽怀远城南郊荆山北麓。因泉水甘白如乳而得名。宋代苏轼游此处，称之为“天下第七泉”。

64. 廉泉

廉泉位于安徽合肥市中心南侧包河公园香花墩包公祠东边。泉眼在一六角亭内，亭内石壁上记载：清官饮此水，水甜似蜜；赃官过此，饮水顿感头痛。廉泉之名由此而得。

65. 鸣弦泉

鸣弦泉位于安徽黄山。泉水琤琤作响，宛如弹拨琴弦的声音，清脆悦耳。有诗描写：“山空滴沥如下注，转觉飘洒若风雨；却按宫商仔细听，二十五弦俱不住。”

66. 喝水泉

喝水泉位于福建省福州近郊的鼓山上。

67. 御泉

宋建安（今福建建瓯市）北苑御茶院中有一泉，味甘美，曾被用来制造贡茶，称御泉，又称龙焙泉。清周亮工在《闽小记》中写道：“龙焙泉在城东凤凰山，一名御泉，宋时取此水造茶入贡。”

68. 陆羽泉

陆羽泉位于江西上饶市广教寺内，唐代被誉为“天下第四泉”。陆羽曾在此居住，经营茶园，自凿一井，水清味甜。以自凿泉水，烹自种之茶，精心品尝，自得其乐。

69. 云液泉

云液泉位于江西庐山。近人吴宗慈据《庐山志》卷六引明桑乔《庐山纪事》：“云液泉在谷帘泉侧，山多云母，泉其液也，洪纤如指，清洌甘寒，远出谷帘之上，乃不得为第一，不识何也。”

70. 招隐泉

招隐泉位于江西庐山石人峰麓栖贤寺内。因招隐了晚年隐居于浙江的陆羽而得名。陆羽评定其为“天下第六泉”。此泉水质洁净，四季恒温，流量稳定。

71. 灵泉

灵泉位于山东淄博市博山区凤凰山南麓西神头村内的颜文姜祠中。泉水终年翻涌，夏秋水盛。飞珠喷沫，声若鸣雷，极其壮观。泉水晶莹碧透，清澈见底，用来烹茶，饮之甘洌可口，实属优良水源。

72. 熏冶泉

熏冶泉位于山东省潍坊市临朐县冶源镇前。泉水从地下涌出后汇集成湖，水面30 000 m^2，水深十几米。泉湖清澈见底，冬暖夏凉，是煮茗和制作饮料的理想之水。

73. 卧龙泉

卧龙泉位于山东省莒县城西10 km的浮来山上。泉眼时而泛起花纹般的清波。从稍远处俯看，甘泉恰似一块青玉；登山远眺，清泉宛如一汪水银。

74. 天井泉

天井泉位于山东泰山玉皇顶西南侧碧霞祠后，海拔1 504 m。天井泉水清澈见底，是宜茶之好泉水，饮之甘醇可口，健胃解乏。

75. 珍珠泉

珍珠泉有两处，一处位于山东济南泉城路北珍珠饭店院内。泉水上涌，状如珠串，因此得名。清代乾隆以清、洁、甘、轻为标准，将其评为“天下第三泉”。另一处是位于湖北当阳玉泉山的“玉泉”，亦称“珍珠泉”。

76. 五龙潭

五龙潭位于山东省济南旧城西门外，由五处泉水汇注成一水潭而得名。泉水澄碧，凉爽可口。

77. 柳泉

柳泉亦称满井，位于山东淄博蒲家庄，是蒲松龄故居名泉。柳泉原是一处天然泉水，村民砌石为井蓄水，即使大旱之年泉水也涌流不息，因此俗称“满井”。

78. 崂山神泉

崂山神泉位于山东省青岛市崂山区境内，自古有“神水”“仙饮”之称。泉水晶莹碧透，味道醇厚，用之泡茶，清香可口。

79. 百泉（河南）

百泉位于河南辉县苏门山南麓。百泉因泉眼多而得名。有清人吕星垣作文描述百泉。文曰：“停桨顺流，随微风至百泉亭下，明月初满，光彩与泉水激射，水摇流月。旁人恍恍立水际时，有凉露著人，冷于寒雨。”清桐城派文人刘大櫆也写道：“有泉百道，自平地石窦中涌而上出，累累若珠然。”

80. 小南海泉

小南海泉位于河南省太行山东麓，距阳县西南约25 km。小南海泉汇为一湖，泉水喷涌奔腾，气泡错落交替。泉湖内外泉眼密布，皆潜流于河床之上。有的涓涓细流，有的飞流成瀑，所有泉水穿流汇集于泉湖，泉湖深而靛蓝，湖面水雾冉冉，景色壮观。

81. 卢仝泉

卢仝泉亦称玉川泉，位于河南济源市郊西北，相传是唐代卢仝（号玉川子）汲水烹茶处。

82. 蜜泉

《大清一统志》卷二五八《湖北·武昌府》写道：“在嘉鱼县南，其水甘如蜜，故名。”

83. 兰溪泉

兰溪泉位于湖北兰溪，被陆羽评定为“天下第三泉”。泉水晶莹透明，甘洌可口，异常澄清纯净。用此水烹茶，不但色香味俱全，而且有四个特点：茶水不生泡沫；茶具不生茶垢；水冲杯中，有缕缕蒸气冉冉上升，似玉龙盘舞；茶味甘芳而微辛，能提神醒脑。

84. 柳毅泉

柳毅泉位于湖南岳阳洞庭湖中的君山。此泉水质颇佳，甘洌纯美，水色清碧，流量稳定，常年不枯。用此水煎泡君山银针更为出色。

85. 香溪泉

香溪泉位于湖北秭归县香溪镇东约 2 km 的谭家山玉虚洞内。香溪宛如长条形的翡翠，镶嵌在崇山峻岭之下的谷中，碧绿澄净的池水，令人深感春深似海。大诗人李白、杜甫、陆游都曾品尝过香溪甘泉。

86. 文学泉

文学泉亦称陆子井、陆羽茶泉，位于湖北天门城关左护城河畔。传说陆羽青年时期常在此取水品茶，而后人又称陆羽为“陆文学”，所以称之为文学泉。

87. 昭君井

昭君井亦称楠木井，位于湖北兴山宝坪村。相传为当年王昭君汲水之处。井水清澈透碧，甘洌醇厚。

88. 马跑泉

马跑泉亦称“马刨泉”，位于湖北江陵县西北八岭山南端。传说当年关羽带领兵马在此遭遇烈日暴晒，人困马乏，赤兔马以蹄刨石，石开泉涌，人马得救，由此而得名。

89. 鱼泉

鱼泉位于湖南石门县西北山区，泉涌鱼跃，各显其妙。

90. 醴泉

醴泉位于湖南醴陵市北 1.5 km 处。《名胜志》写道：“县北有陵，陵上有井，涌泉如醴，因以县名。”

91. 白沙井

白沙井位于湖南长沙回龙山下。湖南民谣“常德德山山有德，长沙沙水水无沙”，即盛赞白沙井之水。其以洁净透明、甘洌不竭而被誉为长沙第一泉。

92. 大龙潭

大龙潭位于广西壮族自治区靖西县城东北约 1.5 km 的石山脚下。古人有诗吟诵：“渊潭自古皆潜龙，穴邃源深壁立峰。直达春流滋万顷，用为霖雨慰三农。日烘岚翠山光活，风漾文澜水色浓。爱向湖心亭上望，群峦都似玉芙蓉。”

93. 鹅泉

鹅泉位于广西靖西县城南约 5 km 的念安屯西侧的小鹅山麓。鹅泉因形似鹅而得名，水质优良。泉水涌出后汇成一面积约 33 334 m^2（50 亩）的巨潭，潭深 30 m，泉水向东宣汇，最终流入越南境内。有诗赞曰：“叠叠峰峦来此冈，滔滔潭水甚汪洋。一方咸赖鹅泉泽，灌润邻疆并外邦。”

94. 神泉

神泉位于四川省丹巴县红旗乡边尔村左近。泉水自一小断层中涌出，伴随着串串气泡，水无色透明，无悬浮物，其味颇似汽水，用以和面烙饼、蒸馒头，既不用发酵，也不必用碱中和，蒸、烙后，与通常蒸、烙的方法一样。

95. 圣泉

圣泉位于贵阳市西郊黔灵山背后，又名灵泉、漏勺泉、百盈泉，水自山麓石罅迸出，一昼夜之间百盈百缩，有如潮汐，水味甘洌。清人刘世恩作《圣泉百盈》诗云:“山后涓涓涌圣泉，盈虚消长景堪传。濯缨濯足凭君取，千古流清出自然。”

96. 蝴蝶泉

蝴蝶泉位于云南大理，滇藏公路西侧，苍山第一峰云弄峰麓。泉池呈方形，面积约为 50 m^2。泉水从池底涌出，宛若喷珠吐玉。蝴蝶泉有一特色，那就是一年一度的蝴蝶会。每年春末夏初农历四月中旬，大量蝴蝶从四面八方汇集在

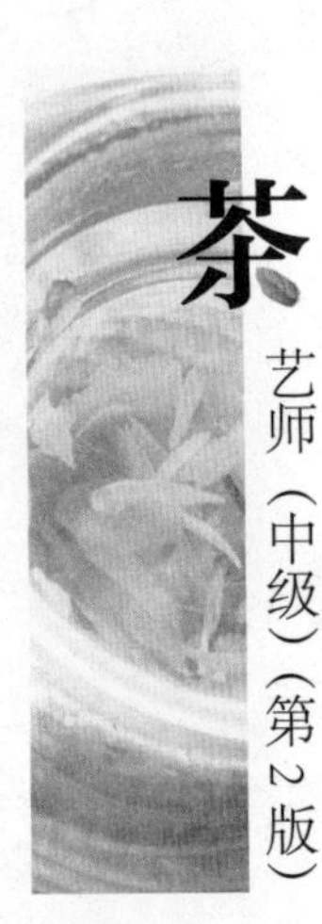

此，在蝴蝶泉上，无数蝴蝶一只咬着一只的尾部，形成千百个蝶串，人来不惊，投石不散，是为一大奇观。

97. 白泉

白泉位于云南省西北部的中甸县境内。因泉水溶解了岩石中大量的碳酸钙，所以当泉水从潭底岩心裂隙口呈数股向上泛起时，既无“咕咚”之声，也没有“趵突”之势，十分平静安详，同时导致水中含碳酸钙急剧沉淀，天长日久，白泉水所流经的平坎和山坡上便形成了一层铺雪盖银的神奇景观。

98. 冰泉

冰泉位于西藏自治区北部高原，是一种冰状固态泉，不能流动。冰泉水矿化度低于 1 g/L，是比较优质的淡水。

99. 酒泉

酒泉位于甘肃酒泉县城东关酒泉公园内，“此水如醴，故名酒泉”。酒泉水质清纯，很少污染，矿化度很小，冬季泉眼不冻，夏日泉水清凉可口，宜泡茶和饮用。

100. 千泪泉

千泪泉位于新疆拜城县克孜尔千佛洞附近的一条幽僻狭窄的山坳中，泉水从布满苔藓的悬崖峭壁上落下来，淙淙有声，韵律优美和谐，水质清澈甘洌，

是理想的烹茗之水。

101. 华山五井玉泉

陕西华山玉女峰、莲花峰、落雁峰之间山谷中的镇岳宫前有五井，深约30 m，北麓山口又有五泉院，院中有水泉与五井潜通。二水均极清洌甘醇，宜烹茗清尝。

102. 乳井泉

乳井泉位于台湾台北剑潭山。泉色乳白，甘甜如乳，因此得名。

103. 关子岭温泉

关子岭温泉位于台湾台南白河区，是台湾南部第一温泉，又称“水火同源”，岩隙涌泉时同喷烈焰。泉水可饮可浴。

104. 阳明山温泉

阳明山温泉位于台湾台北市北郊阳明山。泉水水质清洁，水量丰富，四季不竭，可饮可浴。

五、解答宾客咨询的方法

宾客在购物时，由于对商品不熟悉，必然要向茶艺服务人员询问各种问题，这是商业活动中的正常现象。答复宾客的询问，是茶艺服务人员分内之事。在回答宾客的提问时，一般应面对宾客，声音要轻柔，答复要具体。回答宾客的提问，看似简单，其实是很复杂的。同样的问题，宾客会一问再问。有时几位宾客会同时发问，让人不知听谁的好。茶艺服务人员的回答，有时宾客也会听不清或听不懂。所以茶艺服务人员要多做解释，要有足够的耐心，必须沉得住气，做到百问不厌，有问必答。不要显出不耐烦的样子，懒得再费口舌，或者指责宾客“糊涂”。因为这和茶艺服务人员应有的礼仪是背道而驰的。

一个称职的茶艺服务人员要善于做好“安抚工作”。宾客拥挤在柜台前，往往焦躁不安。如果茶艺服务人员不理不睬，便会激化这种情绪，甚至造成柜台前的争吵和混乱。例如，茶艺服务人员可以告诉大家，店里货源充足，不必争先恐后，大家先选定商品，做好购物准备。总之，要让宾客觉得茶艺服务人员也在急自己所急，想自己所想，从而使宾客情绪安定下来。对于宾客的意见、建议和投诉要认真对待。正确的意见要听取，合理化的建议应采纳。宾客的投诉一定要处理，并以合适的方式将处理意见通知宾客。如果宾客情绪激动，应迅速将宾客带离营业区域，并耐心询问导致宾客情绪激动的原因，做好安抚工作。

在柜台推销接待过程中，茶艺服务人员有时会碰到个别爱挑剔、提出无理

要求，甚至胡搅蛮缠的宾客。遇到这类宾客，首先要态度冷静，越是在素质不高的宾客面前，越要沉得住气；其次要理直气和，即使宾客态度激动，茶艺服务人员也要说话和气，礼让三分，不能因为宾客冲撞自己便“以眼还眼，以牙还牙”。若茶艺服务人员也是一碰即跳，便只会激化矛盾。茶艺服务人员要学会以理服人，而且要善于说理。“得理让人”可以显示茶艺服务人员的胸襟宽阔。当茶艺服务人员和宾客发生争执时，同店、同柜台的人员应从旁排解，而不是跟着起哄。即使宾客无理取闹，也不能群起而攻之，否则既有损于商店本身的形象，也不合乎礼仪接待要求。

第2节　销售

一、茶叶冲泡的基本知识

泡茶时置茶有三种不同方法。先放茶叶，后注入沸水，称为下投法；沸水注入约1/3后放入茶叶，泡一定时间再注满水，称为中投法；注满沸水后再放入茶叶，则为上投法。不同的茶叶，由于其外形、质地、相对密度、品质成分含量及其溶出速率不同，要求的投茶方法也不同，应做到置茶有序。身骨重实、条索紧结、芽叶细嫩、香味成分含量高，以及品赏中对香气和汤色要求高的各类名茶，可用上投法。条形松展、相对密度小、不易沉入水中的茶叶，宜用下投法或中投法。不同季节，由于气温和茶冷热不同，投茶方式也应有所区别，一般可采用“秋中投，夏上投，冬下投”。

茶叶冲泡时，茶与水的比例称为茶水比例。茶水比不同，茶汤香气的高低和滋味浓淡也不同。据研究，茶水比为1∶7、1∶18、1∶35和1∶70时，水浸出物分别为干茶的23%、28%、31%和34%，说明在水温和冲泡时间一定的前提下，茶水比越小，水浸出物的绝对量就越大。

另外，茶水比过小，茶叶内含物被溶出茶汤的量虽然较大，但由于用水量大，茶汤浓度却显得很低，茶味淡，香气薄。相反，茶水比过大，由于用水量少，茶汤浓度过高，滋味苦涩，而且不能充分利用茶叶的有效成分。试验表明，茶类不同、泡法不同，由于香味成分含量及其溶出比例不同以及不同饮茶习惯，对香、味的要求各异，对茶水比的要求也不同。

一般认为，冲泡红、绿茶及花茶，茶水比可掌握在1∶（50～60）为宜。若用玻璃杯或瓷杯冲泡，每杯约置3 g茶叶，注入150～200 mL沸水。品饮铁观音等乌龙茶时，要求用若琛瓯细细品尝，茶水比可大些，以1∶（18～20）为宜，即用壶泡时，茶叶体积约占壶容量的2/3左右。紧压茶，如金尖、康砖、茯砖和方苞茶等，因茶原料较粗老，用煮渍法才能充分提取出茶叶香、味成分，而原料较细嫩的饼茶则可采用冲泡法。用煮渍法时，茶水比可用1∶80，冲泡法则茶水比略大，约1∶50。品饮普洱茶，如用冲泡法时，茶水比一般用1∶（30～40），即5～10 g茶叶加150～200 mL水。泡茶所用的茶水比大小还依消费者的嗜好而异，经常饮茶者喜爱饮较浓的茶，茶水比可大些。相反，初次饮茶者则喜淡茶，茶水比要小。此外，饮茶时间不同，对茶汤浓度的要求也有区别，主要还是根据饮茶者的喜好来决定茶的浓淡。好喜浓茶者，茶水比可大，好淡茶者，茶叶水比应小。

二、选茶的基本知识

要沏出好茶，茶叶的选择是至关重要的。一般选择茶叶时应注重以下几个方面，即新、干、匀、香、净。

对于绿茶或轻发酵茶类的茶叶，应讲求“新”。“新”，是避免使用“香沉味晦”的陈茶。茶叶的新、陈有多种说法，一般把当季甚至当年采制的茶叶称新茶，而隔年之后或更久以前采制的茶叶称为陈茶。“饮茶要新”是我国民间总结出来的宝贵经验，因为新茶香气清鲜，维生素C含量较高，多酚类物质较少被氧化，汤明叶亮，给人以新鲜感。对于名茶和高档茶尤其如此。干茶鉴别，新的绿茶呈嫩绿或翠绿色，有光泽，而陈茶则灰黄，色泽枯暗。新红茶色泽油润或乌润，陈红茶色泽灰褐。新的乌龙茶色泽油润、光泽。反之如果是颜色比较暗，无光泽，失去鲜活的茶叶则是陈茶。

“干”，指茶叶含水量低（＜6%)，保持干燥，把茶叶放在食指和拇指之间能捏成粉末。“干”是茶叶保鲜的重要条件，若茶叶含水量高，茶叶的化学成分，如茶多酚、维生素C、叶绿素等易被破坏，产生陈色、陈气和陈味，而且容易受微生物污染和作用而形成“霉气”。

“匀”，指茶叶的外形粗细、长短、大小和色泽均匀一致。这是衡量茶叶采摘和加工优劣的重要参考依据。合理的采摘，芽叶完整，干茶叶的单片和老片少，规格一致；良好的加工，色泽均匀，无焦斑，上、中、下档茶比例适宜，片末碎茶少。

“香”，指香气高而纯正。抓一把茶叶先哈一口热气，再置鼻端嗅干香。绿茶闻到板栗香、奶油香或锅炒香者，则为好绿茶。优质红茶，尤其是工夫红茶，则呈甜香或焦糖香。乌龙茶根据发酵程度及产地不同分别具有清香、蜜香、乳香、花香、果香及特殊香型，但大多数为花香、果香和特殊香型。茶香纯正与否，有无烟、焦、霉、酸、馊等异味，也可以从干香中鉴别出来。

“净”，指净度好，茶叶中不掺杂异物。这里所指的异物包括两类：一类是茶树本身的夹杂物，如梗、籽、朴、片、毛衣等；另一类是非茶夹杂物，如草叶、树叶、沙泥、竹丝、竹片、棕毛等。这些夹杂物直接影响茶叶的品质和卫生。给宾客敬茶时，若茶叶中有夹杂物会大扫茶兴。

选择花茶时以透出浓、鲜、清、纯的花香者为上品。因此，只要取一把花茶放在手中，送至鼻端嗅一下，具有浓郁纯正花香、茶叶中略有花瓣者，为正宗窨花茶；如果只有茶味，无花香，而茶中夹杂的花干数量又多者，多半是用花干掺入茶中形成的拌花茶，属假冒花茶。

选择茶叶时，还应根据茶叶花色品种的品质特征而定。有些花色品种经合理的短时间存放，甚至久存后，品质更佳。例如，西湖龙井茶、旗枪和莫干黄芽等，采制完毕后，放入生石灰缸中密封存放1～2个月后，色泽更为美观，香气更加清香纯正。云南普洱茶、广西六堡茶、湖南黑茶和湖北茯砖茶及福鼎白茶经合理存放后，会产生受爱茶人欢迎的新香型。隔年的闽北武夷岩茶，反而香气馥郁，滋味醇厚。

三、茶具选配基本要求

选配茶具，除了考虑其使用性能外，茶具的艺术性、制作精细与否，也是人们选择的重要标准。如果是一位收藏家，那么他对茶具艺术的追求，更胜过对茶具实用性的要求。

1. 因茶制宜

古往今来，大凡讲究品茗情趣的人都注重品茶韵味，崇尚意境高雅，强调“壶添品茗情趣，茶增壶艺价值”。他们认为好茶好壶，犹似红花绿叶，相映生辉。一个爱茶人不仅要会选择好茶，还要会选配好茶具。因此，在历史上，有关因茶制宜选配茶具的记述是很多的。

唐代陆羽比较各地所产瓷器茶具后认为：“邢（今河北巨鹿、广宗以西，泜河以南，沙河以北一带）不如越（今浙江绍兴、萧山、浦江、上虞、余姚等地）。”这是因为唐代人们喝的是饼茶，茶须烤炙研碎后，再经煎煮而成，这种茶的茶汤呈白红色，即淡红色。一旦茶汤倾入瓷茶具后，汤色就会因瓷色的不同而起变化。“邢州瓷白，茶色红；寿州（今安徽寿县、六安、霍山、霍邱等地）瓷黄，茶色紫；洪州（今江西修水、锦江流域和南昌、丰城、进贤等地）瓷褐，茶色黑，悉不宜茶。”而越瓷为青色，倾入淡红色的茶汤，呈绿色。陆氏从茶叶欣赏的角度，提出了“青则益茶”，认为以青色越瓷茶具为上品。而唐代的皮日休和陆龟蒙则从茶具欣赏的角度提出了茶具以色泽如玉，又有画饰为最佳。

从宋代开始，饮茶习惯逐渐由煎煮改为“点注”，团茶研碎经“点注”后，茶汤色泽已近白色了。这样，唐时推崇的青色茶碗也就无法衬托出白色。而此时作为饮茶的碗已改为盏，这样对盏色的要求也就起了变化，“盏色贵黑青”，认为黑釉茶盏才能反映出茶汤的色泽。宋代蔡襄在《茶录》中写道：“茶色白，宜黑盏。建安（今福建建瓯）所造者绀黑，纹如兔毫，其坯微厚，熁之久热难冷，最为要用。”蔡氏特别推崇“绀黑”的建安兔毫盏。

明代，人们已由宋时的饮团茶改为饮散茶。明代初期饮用的芽茶，茶汤已由宋代的白色变为黄白色，这样对茶盏的要求当然不再是黑色了，而是时尚的白色。对此，明代的屠隆就认为茶盏“莹白如玉，可试茶色”。明代张源的《茶录》中写道：“茶瓯以白瓷为上，蓝者次之。”明代中期以后，瓷器茶壶和紫砂茶具兴起，茶汤与茶具色泽不再有直接的对比与衬托关系。人们饮茶的注意力转移到茶汤的韵味上来，对茶叶色、香、味、形的要求，主要侧重在“香”和“味”。这样，人们对茶具特别是对壶的色泽，并不给予较多的注意，而是追求壶的雅趣。明代冯可宾在《岕茶笺》中写道：“茶壶以小为贵，每一客，壶一把，任其自斟自饮，方为得趣。何也？壶小则香不涣散，味不耽搁。”强调茶具选配得体，才能尝到真正的茶香味。

清代以后，茶具品种增多，形状多变，色彩多样，再配以诗、书、画、雕等艺术，从而把茶具制作推向新的高度。而众多茶类的出现，又使人们对茶具的种类与色泽，质地与式样，以及茶具的轻重、厚薄、大小等提出了新的要求。一般来说，饮用花茶，为有利于香气的保持，可用壶泡茶，然后斟入瓷杯饮用；饮用大宗红茶和绿茶，注重茶的韵味，可选用有盖的壶、杯或碗泡茶；饮用乌龙茶则重在“啜”，宜用紫砂茶具泡茶；饮用红碎茶与工夫红茶，可用瓷壶或紫砂壶来泡茶，然后将茶汤倒入白瓷杯中饮用；如果是品饮西湖龙井、洞庭碧螺春、君山银针、黄山毛峰等细嫩名茶，则用玻璃杯直接冲泡最为理想。至于其他细嫩名优绿茶，除选用玻璃杯冲泡外，也可选用白色瓷杯冲泡饮用。但不论冲泡何种细嫩名优绿茶，茶杯均宜小不宜大，大则水量多、热量大，不但会将茶叶泡熟，使茶叶色泽失却绿翠，而且会使芽叶软化，不能在汤中林立，失去姿态，还会使茶香减弱，甚至产生“熟汤味”。此外，使用盖碗冲泡红茶、绿茶、黄茶、白茶，也是可取的。在我国民间，还有“老茶壶泡，嫩茶杯冲”之说。这是因为较粗老的茶叶用壶冲泡，一则可保持热量，有利于茶叶中的水浸出物溶解于茶汤，提高茶汤中的可利用部分；二则较粗老茶叶缺乏观赏价值，用来敬客，不大雅观，这样，还可避免失礼之嫌。而细嫩的茶叶，用杯冲泡，一目了然，兼顾物质享受和精神欣赏之美。

2. 因地制宜

中国地域辽阔，各地的饮茶习俗不同，故对茶具的要求也不一样。长江以北一带，人们大多喜爱选用有盖瓷杯冲泡花茶，以保持花香，或者用大瓷壶泡茶，然后将茶汤倾入茶盅饮用。在长江三角洲沪杭宁和华北京津等地一些大中城市，人们喜好品饮细嫩名优茶，既要闻其香，啜其味，还要观其色，赏其形，因此，特别喜欢用玻璃杯或白瓷杯泡茶。在江、浙一带的许多地区，人们饮茶注重茶叶的滋味和香气，因此喜欢选用紫砂茶具泡茶，或用有盖瓷杯沏茶。福建及广东潮州、汕头一带，习惯于用小杯啜乌龙茶，故选用“烹茶四宝”——潮汕风炉、玉书碨、孟臣罐、若琛瓯泡茶，以鉴赏茶的韵味。潮汕风炉是一只缩小了的粗陶炭炉，专做加热之用；玉书碨是一把缩小了的瓦陶壶，高柄长嘴，架在风炉之上，专做烧水之用；孟臣罐是一把比普通茶壶小一些的紫砂壶，专做泡茶之用；若琛瓯是只有半个乒乓球大小的 2 ~ 4 只小茶杯，每只只能容纳 4 mL 茶汤，专供饮茶之用。小杯啜乌龙，与其说是解渴，还不如说是闻香玩味。这种茶具往往又被看做是一种艺术品。四川人饮茶特别钟情盖茶碗，喝茶时，左手托茶托，不会烫手，右手拿茶碗盖，用以拨去浮在汤面的茶叶。加上盖，能够保香，去掉盖，又可观察汤色。选用这种茶具饮茶，颇有清代遗风。至于我国边疆少数民族地区，至今人们多习惯于用碗喝茶，古风犹存。烹茶四宝如图 3—19 ~图 3—22 所示。

图 3—19　潮汕风炉

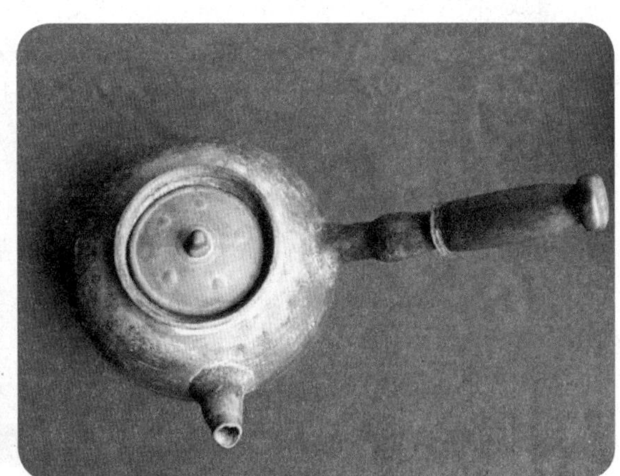

图 3—20　玉书碨

图 3—21　孟臣罐

图 3—22　若琛瓯

3. 因人制宜

不同的人用不同的茶具，这在很大程度上反映了人们的不同地位与身份。在陕西扶风法门寺地宫出土的茶具表明，唐代皇宫贵族选用金银茶具、秘色瓷茶具和琉璃茶具饮茶；而陆羽在《茶经》中记述的同时代的民间饮茶却用瓷碗。清代的慈禧太后对茶具更加挑剔，她喜用白玉作杯、黄金作托的茶杯饮茶。而历代的文人墨客，都特别强调茶具的“雅”。宋代文豪苏东坡在江苏宜兴蜀山讲学时，自己设计了一种提梁式的紫砂壶，“松风竹炉，提壶相呼”，独自烹茶品赏。这种提梁壶至今仍为茶人所推崇。清代江苏溧阳知县陈曼生，爱茶尚壶。他精诗文，擅书画、篆刻，于是去宜兴与制壶高手杨彭年合作制壶，由陈曼生设计，杨彭年制作，再由陈曼生镌刻书画，作品人称“曼生壶”，为鉴赏家所珍藏。在脍炙人口的中国古典文学名著《红楼梦》中，对品茶用具更有细致的描写，在第四十一回“栊翠庵茶品梅花雪”中，写栊翠庵尼姑妙玉在待客选择茶具时，因对象地位和与宾客的亲近程度而异。她亲自手捧“海棠花式雕漆填金”的“云龙献寿”小茶盘，放着沏有“老君眉”名茶的“成窑五彩小盖钟”，奉献给贾母；用镌有“王恺珍玩”的“瓟瓟斝”烹茶，奉与宝钗；用镌有垂珠篆字的“点犀盉”泡茶，捧给黛玉；用自己常日吃茶的那只“绿玉斗”，后来又换成一只“九曲十环一百二十节蟠虬整雕竹根的一个大盒”斟茶，递给宝玉。给其他众人用茶的是一色的官窑脱胎填白盖碗。而将“刘姥姥吃了”，“嫌腌臜”的茶杯竟弃之不要了。至于下等人用的则是“有油膻之气”的茶碗。现代人饮茶时，对茶具的要求虽然没那么严格，但也根据各自的饮茶习惯，结合自己对壶艺的要求，选择最喜欢的茶具。而一旦宾客登门，则总想把自己最好的茶具拿出来招待客人。

另外，职业有别，年龄不一，性别不同，对茶具的要求也不一样。如老年人讲究茶的韵味，要求茶叶香高味浓，重在物质享受，因此，多用茶壶泡茶；

年轻人以茶会友，要求茶叶香清味醇，重于精神品赏，因此，多用茶杯沏茶。男人习惯用较大素净的壶或杯斟茶；女人爱用小巧精致的壶或杯冲茶。脑力劳动者崇尚雅致的壶或杯细品缓啜；体力劳动者常选用大杯或大碗，大口急饮。

4. 因具制宜

选用茶具时，尽管人们的爱好多种多样，但以下三个方面却都是需要加以考虑的：一是要有实用性，二是要有欣赏价值，三是要有利于茶性的发挥。不同质地的茶具，这三方面的性能是不一样的。一般来说，各种瓷茶具，保温、传热适中，能较好地保持茶叶的色、香、味、形之美，而且洁白卫生，不污染茶汤。如果加上图文装饰，又具艺术欣赏价值。

紫砂茶具，用它泡茶，既无熟汤味，又可保持茶的真香。加之保温性能好，即使在盛夏酷暑，茶汤也不易变质发馊。但紫砂茶具色泽多数深暗，用它泡茶，不论是红茶、绿茶、乌龙茶，还是黄茶、白茶和黑茶，对茶叶汤色均不能起衬托作用，对外形美观的茶叶，也难以观姿察色，这是其美中不足之处。

玻璃茶具，透明度高，用它冲泡高级细嫩名茶，茶姿汤色历历在目，可增加饮茶情趣，但它传热快，不透气，茶香容易散失。所以，用玻璃杯泡花茶，不是很适合。

搪瓷茶具，具有坚固耐用、携带方便等优点，所以在车间、工地、田间，甚至出差旅行，常用它来饮茶，但它易灼手烫口，也不宜用它泡茶待客。

塑料茶具，因质地关系，常带有异味，这是饮茶之大忌，最好不用。

另外，还有一种无色、无味、透明的一次性塑料软杯，在旅途中用来泡茶也时有所见，但那是为了卫生和方便旅客，而且杯子又经过特殊处理，所以这与通常的塑料茶具相比，应另当别论了。20 世纪 60 年代以来，在市场上还出

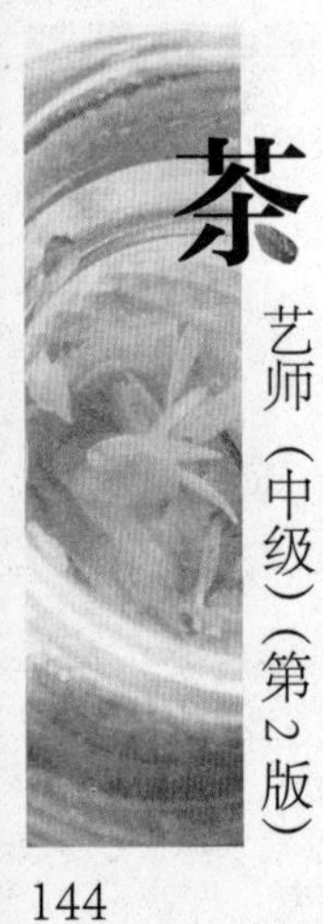

现一种保暖茶具，大的如保暖桶，常见于工厂、机关、学校等公共场所，小的如保暖杯，一般为个人独用。用保暖茶具泡茶，会使茶叶因泡熟而使茶汤泛红，茶香低沉，失却鲜爽味，用来冲泡大宗茶或较粗老的茶叶较为合适。至于其他诸如金玉茶具、脱胎漆茶具、竹编茶具等，或因价格昂贵，或因做工精细，或因艺术价值高，平日很少用来泡茶，往往作为一种珍品供人收藏或者作为礼品馈赠亲友。

参考文献

[1] 余悦 . 中国茶韵 [M] . 北京：中央民族大学出版社，2002.

[2] 梁子 . 中国唐宋茶道 [M] . 修订版 . 西安：陕西人民出版社，1997.

[3] 柏凡 . 中国茶饮 [M] . 北京：中央民族大学出版社，2002.

[4] 龚建华 . 中国茶典 [M] . 北京：中央民族大学出版社，2002.

[5] 连振娟 . 中国茶馆 [M] . 北京：中央民族大学出版社，2002.

[6] 王冰泉，余悦主编 . 茶文化论 [M] . 北京：文化艺术出版社，1991.

[7] Jane Pettigrew 编著 . 茶鉴赏手册 [M] . 上海：上海科学技术出版社，香港万里机构，2001.

[8] 陈椽 . 茶业经营管理学 [M] . 合肥：中国科学技术大学出版社，1992.

[9] 张堂恒，刘祖生，刘岳耘 . 茶・茶科学・茶文化 [M] . 沈阳：辽宁人民出版社，1994.

[10] 郭孟良，苏全有 . 茶的祖国：中国茶叶史话 [M] . 哈尔滨：黑龙江科学技术出版社，1991.

[11] 潘兆鸿 . 陶瓷 300 问 [M] . 南昌：江西科学技术出版社，1988.